铝合金微裂纹萌生与扩展的实验研究

刘 飞 著

内容提要

本书主要研究晶体取向和多尺度第二相对微裂萌生与扩展的影响规律。本书以1060铝合金和Al-Zn-Mg-Cu合金为研究对象,采用In-situ TEM和In-situ EBSD技术研究铝合金材料微裂纹萌生与扩展的内在机理和影响机制。本书可作为金属材料制备、加工成型和组织控制等相关专业在校师生、研究人员及铝加工行业专业技术人员的参考用书。

图书在版编目(CIP)数据

铝合金微裂纹萌生与扩展的实验研究/刘飞著.
上海:上海交通大学出版社,2024.8
ISBN 978-7-313-30899-3
Ⅰ.TG146.21
中国国家版本馆CIP数据核字第2024SJ9972号

铝合金微裂纹萌生与扩展的实验研究
LÜHEJIN WEILIEWEN MENGSHENG YU KUOZHAN DE SHIYAN YANJIU

著　　者:刘飞　　　　地　　址:上海市番禺路951号
出版发行:上海交通大学出版社　　电　　话:021-6407 1208
邮政编码:200030
印　　制:武汉乐生印刷有限公司　　经　　销:全国新华书店
开　　本:700mm×1 000mm　1/16　　印　　张:10
字　　数:172千字
版　　次:2024年8月第1版　　印　　次:2024年8月第1次印刷
书　　号:ISBN 978-7-313-30899-3
定　　价:78.00元

版权所有　侵权必究
告读者:如发现本书有印装质量问题与印刷厂质量科联系
联系电话:027-85621141

前　言

由择优取向或多尺度第二相导致的组织不均匀性，是变形铝合金发生断裂失效的重要原因。为研究晶体取向和多尺度第二相对微裂纹萌生与扩展的影响规律，本书选取两种典型的变形铝合金为研究对象，分别为无第二相的高塑性1060铝合金和有第二相的高强度Al-Zn-Mg-Cu合金，采用原位电子背散射衍射、原位及非原位透射电镜等检测手段，结合迹线分析和Schmid因子计算，在微纳米尺度下研究了上述合金微裂纹萌生与扩展的内在机理和影响因素。

研究所采用的1060铝合金具有立方织构和铜型织构，平均晶粒尺寸为24.6 μm。结果表明，晶体取向对合金的变形行为和微裂纹萌生与扩展均有重要影响。在变形过程中，取向为铜型织构的晶粒比取向为立方织构的晶粒更容易变形。采用Sachs、Taylor和反应应力模型对样品表面42个晶粒的取向转动行为进行了对比和讨论，结果表明初始取向和激活滑移系数目是影响取向转动行为的重要因素。激活单滑移时，晶体取向转动方向不变，而且激活单滑移具有最大Schmid因子（取决于晶体取向）时，取向转动方向与Sachs模型预测的结果一致。由变形不均匀或开裂导致的应力集中可以诱发晶粒激活多滑移，从而使晶粒取向转动方向发生改变。对开裂晶粒滑移系的Schmid因子和裂纹尖端（裂尖）应力分布进行了计算，表明裂纹尖端发射位错属性及其所在激活滑移系取决于裂纹尖端应力场，当位错从裂纹尖端发射后，裂纹尖端应力场对已发射位错的影响逐渐减弱，宏观加载应力对已发射位错的影响逐渐增强。

1060铝合金中的微裂纹主要以界面脱粘方式在晶界、滑移带和少数杂质颗粒处萌生，沿{111}滑移面穿晶扩展，包括连续扩展和不连续扩展两种形式。其中，连续扩展时裂纹尖端发射位错数量少于不连续扩展时裂纹尖端发射位错数量。不连续扩展过程包括纳米孔洞在裂纹尖端无位错区内形成、长大，然后与主裂纹连通合并；其过程往往伴随有断裂面的改变，如Z字形裂纹。大角晶界可使裂纹尖端钝化，促使裂纹尖端激活多滑移，诱发裂纹扩展路径改变，有利于降低裂纹扩展速率和提高断裂韧性。裂纹尖端钝化导致应力强度因子升高，为纳米孔洞的形成提供了驱动力，而薄化区内的和裂纹尖端周围的无序区为纳米孔洞的形成提供了空位来源。

研究采用的 Al-Zn-Mg-Cu 合金由多尺度第二相颗粒和<001>与<111>晶粒簇组成,平均晶粒尺寸为 6.38 μm。多尺度第二相包括亚微米和微米级结晶相($Al_9Fe_{0.7}Ni_{1.3}$ 与 $MgZn_2$ 相),几十纳米的 $MgZn_2$ 析出相,几纳米到十几纳米的 Al_3Zr 弥散相和 η 析出相,以及几纳米的 η′析出相。

结果表明,第二相的尺寸以及所在位置对微裂纹萌生和扩展具有重要影响。在尺寸方面,第二相尺寸越大,越容易萌生微裂纹。纳米级颗粒(Al_3Zr、η′相及 η 相)对微裂纹扩展路径影响有限,但这些相通过位错切过机制增加了位错运动阻力,从而提高了微裂纹扩展抗力。在位置方面,晶界第二相($Al_9Fe_{0.7}Ni_{1.3}$ 与 $MgZn_2$ 相)颗粒以界面脱粘或颗粒断裂方式成为微裂纹萌生的主要位置,提高了合金断裂敏感性。而亚微米晶内析出相($MgZn_2$ 相)有助于基体均匀滑移,避免了微裂纹在集中的滑移带中萌生。同时,该相促使微裂纹扩展方向偏转,有利于提高合金的断裂强度和降低裂纹的扩展速率。

Al-Zn-Mg-Cu 合金在变形过程中,<001>晶粒簇比<111>晶粒簇更容易变形。其断裂方式主要为沿晶断裂,存在少量穿晶断裂。大量第二相沿晶界分布、晶粒簇间的变形不协调是合金沿晶断裂的主要原因。在沿晶断裂中,裂纹沿着<111>晶粒簇内的晶界或晶粒簇之间的界线扩展。而在穿晶断裂中,裂纹在晶粒中的扩展路径取决于应力加载方向和激活滑移系的共同作用。

本书依托内蒙古自然科学基金项目“超高强铝合金裂纹萌生与扩展的原位电子显微研究”(项目编号:2018MS05056)、“基于原位加热透射电镜技术研究 Al-Cu-Mg-Sc 合金第二相演变行为”(项目编号 2022FX06)以及内蒙古工业大学科学研究项目“变形铝合金多尺度等二相与微裂纹萌生扩展的原位实验研究”(项目编号:BS2021043)的成果撰写而成。本书在实验研究阶段和书稿撰写过程中得到有关研究人员的指导与帮助,他们对本书的完稿提出了很多宝贵意见,在此难以一一列举,谨向他们致以诚挚的感谢和敬意。

目　录

第1章 铝合金微裂纹研究理论基础

断裂是结构部件或材料最危险的失效形式之一。研究表明,材料约90%的损伤寿命都消耗在裂纹萌生与扩展阶段[1,2]。变形铝合金以其低密度和优异的力学性能而被广泛用于航空航天、交通运输、电工电子和化学工业等领域,其合金部件在服役过程中的突然断裂往往会带来严重灾难。组织不均匀性是变形铝合金材料失效断裂的主要原因[3-5]。变形铝合金中的微裂纹萌生与扩展往往集中在几个晶粒大小的局部区域,其内在机理及影响机制与合金的微纳观组织不均匀性密切相关[6-10]。

变形铝合金在变形加工过程中易形成择优取向(织构),导致合金的力学性能呈现各向异性。第二相强化、弥散强化和时效强化是变形铝合金的主要强化机制,这些强化机制的实质是通过不同尺寸的第二相颗粒与运动位错交互作用提高合金的强度[11-14]。择优取向与多尺度第二相的非均匀分布都会导致合金的微纳观组织不均匀,必然使得变形铝合金的力学行为和断裂机制在局部区域间存在很大差异[5,15]。然而,传统上关于断裂机制的研究方法是以断裂后的材料为研究对象,通过断口形貌和断口附近的变形组织特征,建立起材料微观组织与性能的联系,而后推测材料的断裂机制[16-19]。这种“非原位”研究方法推测出的断裂机制是材料所有微纳观组织整体作用的结果,缺乏断裂前的微裂纹萌生与扩展动态过程,很难说明微裂纹萌生的位置及其所在局部区域内各种微纳观组织对微裂纹萌生与扩展的影响机制。

近年来,基于电子显微镜的各种原位力学实验方法逐渐进入研究者的视野,在材料、力学和物理等领域取得了一大批重要成果。与“非原位”研究方法相比,原位电镜实验突出的优势是可对材料在外力载荷作用下开展相关物理性能的定性定量表征,通过实时观察材料显微组织和结构的动态演变和损伤行为,进而建立材料结构与性能的内在联系,阐明应力作用下材料相关物理性能演变的内在机理和影响机制。

本书以两种典型变形铝合金(高塑性的1060铝合金和高强度的Al-Zn-Mg-Cu合金)为研究对象,主要采用原位电子背散射衍射和原位透射电镜技术,分别在微观和纳观尺度下,动态研究了上述合金的微裂纹萌生与扩展规律。

1.1 变形铝合金

铝(Aluminium,Al)是地壳中含量第三多的元素和含量最高的金属元素,是世界上除铁外,应用最多的金属。铝的密度为2.698 g/cm^3,晶体结构为面心立方结构,晶格参数为0.405 nm,熔点为660 ℃。纯铝的塑性优异,但强度不高,加入合金元素后形成铝合金,可大大拓展其应用范围。根据铝合金成型方法,可将铝合金分为铸造铝合金和变形铝合金。铸造铝合金在生产过程中不经过任何塑性变形,有多种铸造方法,如压铸和直接冷铸等。变形铝合金要比铸造铝合金应用更广泛。事实上,变形铝合金材料适用于任何一种金属成型的工艺。变形铝合金的变形工艺包括拉拔、锻造、冲压和挤压等,其产品包括板材、棒材、线材、箔材和管材等多种形式。

1.1.1 变形铝合金分类

变形铝合金可分为不可热处理强化铝合金和可热处理强化铝合金。变形铝合金牌号用4位数字表示,其中第1个数字表示主要合金元素,如表1-1所示。不可热处理强化铝合金的强化机制主要为应变强化、第二相强化和弥散强化,包括1×××、3×××、4×××和5×××铝合金。其中,1×××铝合金也称商业纯铝,具有最高的延展性和优良的耐腐蚀性和导电性,被广泛应用于电工电子和化学工业领域。可热处理强化铝合金的强化机制主要是依靠时效析出相与运动位错交互作用而强化合金,包括2×××、6×××、7×××和部分4×××铝合金。在所有变形铝合金中,7×××铝合金具有最高的强度,以及良好的耐腐蚀性、可焊接性及成型性,主要用于航空航天和交通运输等领域。

表1-1 变形铝合金牌号[20]

牌号	合金元素	是否具有时效强化
1×××	商业纯Al (>90% Al)	否
2×××	Al-Cu和Al-Cu-Li	是
3×××	Al-Mn	否
4×××	Al-Si和Al-Si-Mg	是(有Mg元素)
5×××	Al-Mg	否

（续表）

牌号	合金元素	是否具有时效强化
6×××	Al-Mg-Si	是
7×××	Al-Zn-Mg	是
8×××	Al-Li, Sn, Zr 或 B	是

1.1.2　Al-Zn-Mg-Cu 合金中的第二相及其对力学性能的影响

变形铝合金中的第二相主要包括析出相、弥散相和结晶相。

析出相是可热处理强化铝合金的主要强化相，从合金过饱和基体中析出，大小为几纳米到几十纳米。对于 Al-Zn-Mg-Cu 合金，析出相的析出序列可以描述为：

$$过饱和固溶体(\alpha_{ssss}) \rightarrow GP 区 \rightarrow \eta'(亚稳相) \rightarrow \eta(MgZn_2)$$

GP 区为富 Zn 和 Mg 原子簇，与基体共格，原子比 Zn/Mg 为 1.0~1.5[21]。GP 区可分为 GP Ⅰ区和 GP Ⅱ区。GP Ⅰ区是在$\{001\}_{Al}$上的富 Zn/Mg 簇，形状为球形。GP Ⅱ区为$\{111\}_{Al}$上的富 Zn 层，厚 1~2 个原子层，由空位簇转变而来[22]。η′是由 GP Ⅱ区长大形成的，通常只有几个纳米大小，与基体为半共格关系，具有盘状形貌（长厚比为 1.5~2.5）。η′的晶体结构为六方晶体结构（晶格参数 $a=0.496$ nm，$c=1.403$ nm），与基体的位向关系为$(10\bar{1}0)_{\eta'}//\{110\}_{Al}$，$(0001)_{\eta'}//(111)_{Al}$，$(\bar{1}\bar{1}20)_{\eta'}//(112)_{Al}$。η′中的原子比 Zn/Mg 与 GP Ⅱ区中的一样，所以 GP Ⅱ区被认为是 η′（亚稳相）的前驱体[23]。GP Ⅱ区和 η′相是合金峰值时效下的主要强化相[24,25]。η 相的化学组成接近 $MgZn_2$，形状呈板条状或棒状，具有六方晶体结构，空间群为 P63/mmc。第一性原理计算表明，η 相的晶格参数 $a=0.502$ nm，$c=0.828$ nm[26]。根据 η 相与基体的位向关系，相关文献中报道存在 13 种变体[27,28]。

析出相可以在基体中均匀析出，也可以在空位簇、位错线、亚晶界和大角晶界处非均匀形核[29,30]。析出相在界面处异质形核时，界面取向差大小可以影响析出相的类型、大小、密度和形貌[31-33]。晶界上的析出相的尺寸明显大于基体内部的析出相的尺寸。这是因为晶界给溶质原子提供了比基体内扩散更快的通道，所以析出相优先在晶界处形核并快速生长。同时，晶界附近的溶质原子被大量消耗，导致晶界两侧一定厚度的基体内没有足够的溶质原子析出，而形成晶界无析出带。晶界无析出带是合金的薄弱环节，易于萌生微裂纹,可能会造成合金沿晶断裂[8,34]。细化晶界析出相,降低晶界无析出带的厚度,可提高合金的裂纹扩展抗力[19]。

在铝合金中加入固溶度较低的合金元素(如锆、铬和锰等)时,这些合金元素在热处理过程中会析出成为几十纳米到几百纳米大小的弥散相,不仅对合金起到弥散强化效果,而且在后续的加工过程中可有效阻碍晶粒生长和抑制再结晶发生[35,36]。然而,这些合金元素容易在合金基体中偏析,导致晶界附近形成弥散相的无析出带,弱化了弥散强化效果,抑制了再结晶能力[37,38]。虽然通过降低加热速率或采用多级均匀化可以减小弥散相无析出带的厚度,但会导致晶界附近的弥散相颗粒粗化,使弥散相不均匀分布[38]。此外,弥散相可作为析出相的异质形核基底,诱发析出相在合金淬火过程中析出,造成析出相在合金基体内不均匀分布[39,40]。

结晶相是合金在制备或熔炼过程中生成的第二相,一般分布在晶界,具有较大的尺寸,可达到微米级,如 $MgSi_2$、$MgZn_2$、Al_2CuMg、$Al_2Mg_3Zn_3$ 等。粗大结晶相对合金的抗断裂性能不利[10,41-43]。一方面,由于这些粗大结晶相颗粒在热力加工过程中(如轧制或挤压)发生破碎,可能导致结晶相颗粒与基体脱黏或颗粒自身断裂形成微裂纹。另一方面,粗大结晶相颗粒沿轧制(或挤压)方向分布会使得合金强度和断裂韧性具有明显的各向异性[44]。

总的来说,Al-Zn-Mg-Cu 合金中存在多尺度第二相,由于这些第二相结构、类型、大小和力学性能的复杂性和不均匀性,导致合金在局部区域间存在力学行为差异。尽管利用不同尺度第二相与位错交互作用的相关理论可以解释多尺度第二相对合金宏观断裂强度和断裂机制的影响,但由于断裂前的微裂纹萌生与扩展仅局限在几个晶粒之间的局部区域,这些局部区域表现出来的力学行为不均匀性与宏观力学性能的稳定性不符,这就需要在不同尺度下具体研究第二相对微裂纹萌生与扩展过程的影响机制。

1.1.3 变形铝合金的织构及其对力学性能的影响

织构就是指多晶体的择优取向分布。变形铝合金在加工变形中易形成织构,工艺参数、初始取向和第二相颗粒的大小和分布对织构形成均有影响[45, 46]。晶体转动模型常被用于预测多晶体塑性变形过程中的织构演变。各国学者先后提出了多种晶体转动模型,包括 Sachs 模型[47]、Taylor 模型[48]及反应应力模型[49]等。轧制织构可以用一个平行于轧制面的晶面和平行于轧制方向的晶向表示[50]。变形铝合金中常见的变形织构有黄铜织构{110}<112>、S 织构{123}<634>和铜型织构{112}<111>,再结晶织构有立方织构

{100}<001>、高斯织构{110}<001>和 R 织构{124}<211>。

与单晶体晶体结构对称性导致的各向异性不同，具有织构的多晶体材料表现出力学、磁学和电学性能的各向异性是材料的择优取向分布导致的。织构的产生使材料的宏观力学性能呈现各向异性，沿轧制方向（Rolling direction，RD）的屈服强度和拉伸强度要高于沿其他方向的屈服强度和拉伸强度，这一现象被称作织构强化。具有理想纤维织构的板材，沿纤维织构方向的强度要比其他随机取向分布方向的强度高 20%[51]。

具有不同织构的晶粒以及不同织构晶粒内的第二相对裂纹的敏感性存在差异，表明织构对合金的裂纹萌生与扩展有重要影响。Taylor 等[52]在研究 Al-Li 挤压棒材的疲劳行为时发现，Schmid 因子较高的晶粒是疲劳破坏的优先位置，裂纹主要在<001>晶向与拉伸轴平行的晶粒中萌生。Mineur 等[53]利用 EBSD 技术研究了 316 不锈钢中织构对裂纹萌生的影响。结果表明，取向为<111>//RD 和<100>//RD 的晶粒包含有少量的微裂纹；而取向为<110>//RD 的晶粒含有大量的微裂纹，表现为不同取向晶粒的“硬”和“软”。Xia[54]等研究了 Al-Cu-Mg 合金中高斯织构、立方织构和黄铜织构对疲劳裂纹扩展行为的影响，结果表明，高斯织构+立方织构具有最大的疲劳阈值和最小的疲劳裂纹扩展速率，黄铜织构具有最小的疲劳阈值和最大的疲劳裂纹扩展速率。Jin 等[55]在研究 7075 铝合金的疲劳开裂行为时发现，裂纹主要在 RD-ND 和 RD-TD 面上的富 Fe 颗粒处形成，少部分在 ND-TD 面上的富 Si 颗粒处形成。Patton 等[56]在研究 7010 铝合金的疲劳破坏时发现，第二相颗粒的断裂是微裂纹萌生的主要位置，特别是具有扭转立方织构取向的晶粒中的第二相是优先断裂位置。

在不同的变形铝合金中，织构类型并不相同，即使在同一铝合金中，织构也不均匀分布。张新明等[44]的研究表明，7055 铝合金板材的表层主要由剪切织构{111}<110>和立方织构组成，中心主要由轧制织构和少量立方织构。Wu 等[5]在研究 Al-Cu-Mg 合金时发现，样品表面有再结晶织构组成，而中心区域具有强烈的 β-纤维织构。织构的多样性和不均匀分布性导致合金强度、断裂韧性和裂纹扩展速率具有明显的区域性和各向异性[57]。

1.2　金属的断裂机制

金属和合金基本的断裂机制包括韧性断裂、沿晶断裂、穿晶断裂和疲劳断裂。变形铝合金被广泛用于航空航天的结构部件，其断裂失效往往带来严重灾难,其断裂失效主要为疲劳断裂。疲劳断裂一般分为三个阶段:裂纹萌生、裂纹扩展和失稳断裂。研究表明,90%的疲劳断裂集中在裂纹的萌生和扩展阶段,因此研究微裂纹的萌生与扩展具有十分重要的意义。

1.2.1 断裂力学理论

国内外研究材料失效破坏的理论主要包括线弹性断裂力学理论和弹塑性断裂力学理论。线弹性断裂力学理论主要研究理想脆性材料中裂纹起始扩展、亚临界扩展及失稳扩展的规律,通常采用两种不同的观点处理裂纹扩展问题[58]。一种是能量平衡观点,认为在裂纹扩展过程中,外力所做的功减去物体应变能的增加等于产生新裂纹表面所需要的能量,如 Griffith 理论[59]。另一种是应力强度因子观点,认为裂纹尖端应力强度因子达到表征材料断裂韧性的临界应力强度因子时[9],裂纹就开始扩展,如 Irwin 理论。这两种观点有着紧密的内在联系,在很多情况下,这两种观点可以得到相同的结果。Griffith 理论在处理玻璃等脆性材料的强度评估方面取得了巨大成功,但在处理金属材料的断裂问题时,有其局限性,因为金属材料中事先并不一定存在微裂纹,特别是该理论未考虑裂纹的形成和动态扩展问题。

弹塑性断裂力学理论主要考虑裂纹体弹塑性行为,研究裂纹在弹塑性介质中起始扩展、亚临界扩展和失稳扩展的规律[60]。弹塑性断裂力学理论一般可以分为两类:一类针对裂纹起始扩展,主要研究静止裂纹尖端弹塑性应变场,建立弹塑性断裂准则;另一类针对裂纹扩展规律,主要分析裂纹尖端弹塑性应力应变场。弹塑性断裂力学理论目前应用最多的是 J 积分[61]和裂纹张开位移[62]。

上述两种理论均是在各向同性的连续介质的基础上发展起来的,未考虑实际材料中组织不均匀、晶粒位向、第二相、偏析等特征,而正是这些因素对材料的力学行为有着十分重要的影响,最终造成了理论描述与实际情况偏差。变形铝合金材料是许多晶粒通过晶界连接而成的多晶块状物质,由于晶粒形状、取向的随机性以及晶粒力学性质的各向异性,变形铝合金的微观力学性质都是很不均匀的。然而,多晶体材料在晶粒尺度下的力学性状及其对材料宏观力学行为的影响在经典力学理论中由于建模困难而未加考虑。

疲劳极限 σ_e 和疲劳裂纹扩展门槛值 ΔK_{th} 是疲劳分析和设计中应用最多的两个门槛值[10,41,42,56,63,64]。疲劳极限 σ_e 是指经过无穷多次应力循环而不发生破坏时的最大应力值,是基于安全寿命概念提出的,假定构件中没有初始裂纹,考虑交变载荷作用下构件的整个安全寿命。然而,疲劳极限测定的数据比较分散,这也与实际工程材料中微观组织结构存在的固有不均性有关。疲劳裂纹扩展门槛值 ΔK_{th} 是在损伤容限框架下提出的,是指带裂纹的构件在交变载荷作用下不会发生疲劳扩展的应力强度因子交变值,给出了含有缺陷的构件的剩余寿命,以保证结构中存在的缺陷在该剩余寿命内不会扩展为临界裂纹。这种方法以构件中最大的裂纹作为参照,过于保守地预测构件的寿命,可能增加服役部件过早"退休"的风险[58]。

一般来说,采用连续、各向同性假设分析材料或结构的力学行为,对整体来讲是有效的,而对它们的局部行为(如损伤、破坏)以及材料在微尺度下的力学性质与宏观的力学行为之间的关系等难以给出很好的描述。为此,有研究者采用数值模拟方法来研究各向异性材料的破坏行为,开启了该领域研究的新途径[65,66]。不过对于上述相关理论,均需要实验研究的支撑,特别是对材料动态破坏过程的研究就显得尤为重要。

1.2.2　微裂纹萌生

微裂纹萌生的研究必须要考虑空间尺度。在脆性开裂和微裂纹生长机制研究中,一般采用原子模型,这时的微裂纹萌生是指原子间克服结合力,产生新的表面。而在金属材料的相关研究中,微裂纹的尺寸与第二相或孔洞的尺寸相当[67]。微裂纹形核的位错模型[68]认为,金属材料在应力作用下发生滑移,当运动位错前方存在晶界或第二相等阻碍物时,位错运动受到阻碍,将在阻碍物处形成位错塞积。当塞积位错数量足够大时,微裂纹就会形成。

微裂纹在晶界上萌生,一方面,是由于晶体的各向异性,晶界局部会产生高的应力集中足以超过晶界的黏合力[69]。另一方面,由于塑性变形的不协调性,在晶界处产生滑移带和塞积位错,形成滑移台阶,最终使微裂纹萌生[70]。另外,对于可热处理强化铝合金而言,晶界析出相处孔洞形核、晶界无析出带的弱化和晶界处的应力集中是晶界处萌生裂纹的三种主要机制[71-73]。总的来说,微裂纹在晶界上萌生主要与晶界结构、塞积位错密度、合金自身强度和应力加载条件有关[67]。

微裂纹在基体滑移带中萌生也与晶界的结构、强度和取向差有关。多晶体在外力作用下,大量位错在相应的滑移面上沿着滑移方向开始滑动,滑移带形成。如果晶界的滑移传递和界面分离的抗力足够大,位错就会在晶界处塞积,导致裂纹在基体中的滑移带中萌生[74,75]。

微裂纹在第二相处萌生与应力集中有关。一般而言,合金基体具有较好的塑性,而第二相塑性很差,如金属间化合物、金属氧化物。在外力作用下,由于弹性模量的差异,往往基体首先发生塑性变形,而后第二相才发生变形。这种基体和第二相间的塑性变形不协调,往往在其界面处产生应力集中。随着应力应变加大,这种局部应力集中会引起微裂纹或孔洞的形成。由于第二相和基体结合紧密,微裂纹或孔洞在第二相处形核须满足以下两个条件:①应力集中达到基体与第二相之间的黏合力或第二相自身的强度;②形核释放的弹性能大于微裂纹或孔洞形核增加的表面能[58]。

在实验研究中,微裂纹萌生的位置常在样品表面,这是由于表面的应变约束少于内部的应变约束,样品表面的"特殊"微观组织容易产生应力应变集中。例如,杂质、第二相、孔洞、晶界、驻留滑移带和织构等微观组织的不均匀性均可以导致局部应力应变集中,使得局部应力超过材料的屈服强度,裂纹开始萌生[76]。工程上为降低构件表面的裂纹萌生而采用特殊的表面处理技术,如喷丸或拉伸预应力处理[77]。

1.2.3 微裂纹扩展

金属材料的断裂韧性与断裂方式有关,实验研究微裂纹扩展有助于深入理解金属材料的断裂方式。尽管微裂纹扩展是可在宏观尺度下观察的过程,但其扩展方式取决于裂纹尖端微纳尺度的应力应变协调机制。例如,脆性断裂就是裂纹尖端沿特定晶体学平面的原子键直接断开,裂纹一旦形核,就会迅速失稳扩展。而在韧性断裂中,裂纹尖端通过发射位错形成了塑性变形区,塑性变形可以吸收大量能量,降低微裂纹扩展速度,因此韧性材料的裂纹扩展过程是个缓慢的过程。

经典断裂力学理论认为裂纹尖端由近及远分别为无位错区、位错反塞积区(塑性变形区)、弹性变形区[58]。裂纹尖端无位错区和位错反塞积区的存在和大小决定着裂纹尖端应力强度因子。大量理论和模拟研究表明,无位错区为高畸变弹性变形区。Goswami 等[78]对比研究了 Al 和 Ni 两种合金裂纹尖端无位错区和塑性变形区的位错组态,发现由于层错能相差较大,两种合金的裂纹尖端塑性变形区形状和大小均有明显差别。钱才富等[79]利用离散位错模型模拟了微裂纹前方无位错区和塑性变形区的形状和大小,发现无位错区较大时,塑性变形区增大了裂纹扩展抗力,微裂纹扩展方向不变;而塑性变形区充分发展后,高畸变的无位错区的作用变小,微裂纹扩展方向有可能改变。作者利用这一观点解释了 Z 字形裂纹扩展规律。同时,作者在研究微裂纹前方的应力分布时发现,存在两个应力奇点,一个在裂纹尖端,另一个在无位错区内。这一结果与 Zhu 等[80]利用连续位错模型计算的结果一致。由于材料本身在无位错区内连续分布,无位错区内的应力应小于材料的屈服强度,所以无位错区内的应力奇点所在区域可能被“撕裂”。Feng等[81]发现在微裂纹扩展过程中无位错区以撕裂或剪切方式不断薄化可以形成纳米微孔,无位错区中的缺陷(空位或纳米无序区)可能为纳米孔洞的形核位置。Chen等[82]的研究表明,纳米孔洞可以促使微裂纹钝化,降低微裂纹扩展速率。裂纹尖端塑性区的存在,使裂纹尖端的应力强度因子降低,对微裂纹扩展具有屏蔽效应。

与合金或金属的微裂纹在滑移带中萌生类似,微裂纹的扩展也沿着晶粒的特定晶体学平面[52]。Patton等[56]研究了7010晶体取向对微裂纹萌生与扩展的影响规律,微裂纹沿具有最大Schmid因子的滑移系开裂。

合金的相组成也对微裂纹萌生与扩展行为有影响。在多相合金中,每种相的弹性性能和塑性性能不同,对微裂纹扩展的抗力也就不同,微裂纹萌生与扩展往往会集中在某一相中。相邻两相滑移系的空间配置对微裂纹扩展有直接影响,如果两相之间具有特殊的晶体学取向,这种情况更加复杂。Pippan等[83]在研究双相不锈钢时发现,不同相组分间的塑性差异明显影响微裂纹的扩展速率。当裂纹由硬相进入软相时,裂纹的扩展速率增加,而由软相进入硬相时,裂纹出现分叉现象,裂纹的扩展速率减小。此外,晶粒尺寸也影响裂纹的扩展速率。这主要是由于增大晶粒尺寸,使晶粒内的自由滑移距离增大,增大了相邻晶粒位错源的启动应力,从而促进了穿晶裂纹的扩展[67]。

晶界塑性变形的不协调性不仅可以诱发微裂纹的萌生,而且影响着微裂纹的扩展。晶界通过阻碍裂纹尖端的位错运动,改变了塑性变形区的大小、形状以及裂纹尖端应力分布,从而影响裂纹扩展的路径和速率。晶界势垒强度(Barrier strength)通常被用于量化分析晶界阻碍位错的能力。Sangid等[84]通过分子动力学(Molecular dynamics,MD)计算了不同晶界的稳态界面能、势垒强度和位错形核能,如图1-1所示,表明晶界的界面能越低,势垒强度和位错形核能越高,$\Sigma 3$晶界的势垒强度最高。

在宏观上,裂纹扩展方向与加载应力夹角在45°附近。而在微观上,在不考虑裂纹前方有尺寸较大的体缺陷时,裂纹扩展一般沿着低指数晶面扩展。断裂根据裂纹的扩展路径可以分为沿晶断裂和穿晶断裂。其中,穿晶断裂又可分为解理断裂和晶内微孔聚集剪切断裂。解理断裂通常是脆性断裂,但需要注意的是,两者并不等同,有时解理断裂是在塑性变形之后局部区域发生的,而在宏观上材料还属于韧性断裂[67]。另外,在透射电镜原位拉伸实验中,裂纹还呈现出连续、不连续和Z字形扩展[81]。

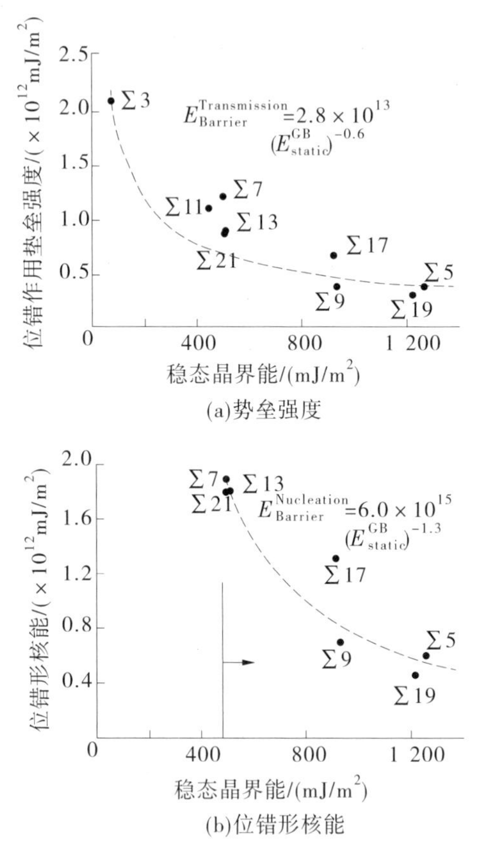

(a)势垒强度

(b)位错形核能

图 1-1　重位点阵晶界的势垒强度和位错形核能[84]

1.3　电子显微镜原位拉伸技术及其应用

在传统上,关于断裂机制的研究通常采用断口分析,该方法以断裂后的材料为研究对象,通过断口形貌和断口附近区域的变形组织特征,建立起材料微观组织与性能的联系,而后推测材料的变形机理和断裂机制。这种“非原位”方法存在明显缺点:缺乏变形的动态过程以及裂纹萌生与扩展过程等关键信息,而且微裂纹的萌生处于纳米尺度,而微裂纹的扩展与微米、厘米尺度有联系。因此,表征和定量化裂纹萌生与扩展的组织结构演变行为,必须借助不同的技术手段,在不同时间和空间下,进行对比研究。随着材料科学研究的深入,对这些关键信息的需求愈加迫切。基于电子显微镜原位拉伸技术进入了材料学者的视野,人们对材料变形和断裂失效的动态过程有了更直观的认识。

1.3.1　原位透射电镜技术

透射电镜(Transmission electron microscope,TEM)的分辨率为 0.1~0.2 nm,放大倍数可至几十万倍,通常配有能谱分析(Energy dispersive spectrometer,EDS),是表征材料微观组织、结构和成分的重要工具,在材料、化学、生物和地质等多学科中均有广泛应用。传统的 TEM 分析技术,包括明场像(Bright field,BF)、暗场像(Dark field,DF)、选区电子衍射(Selected area electron diffraction,SAED)、高分辨像(High resolution transmission electron microscopy,HRTEM)等,被广泛应用于材料的缺陷和结构分析。在 TEM 中,高能电子束穿过样品后包含透射束和衍射束。BF 采用透射束直接成像,主要用于形貌观察;DF 用衍射束成像,一般用于析出相和缺陷的观察。SAED 主要用来对选定微区进行晶体学结构分析和取向关系测定。HRTEM 是晶体三维空间点阵排列的二维投影像,在特定条件(Scherzer 欠焦)下,是可以解释的原子投影像,主要用来分析晶体内部的原子排布、缺陷和界面等精细结构。目前,经过聚光镜或物镜球差校正的 TEM,其分辨率可达亚埃级,可以直接分辨单个原子。

原位透射电镜(In-situ transmission electron microscopy,In-situ TEM)技术的实验方法包括原位力场[85]、原位热场[86]、原位电场[87]以及各种气氛环境[88]下的原位反应。由于本书采用的是原位拉伸,故后面的 In-situ TEM 特指原位拉伸透射电镜技术。

In-situ TEM 技术就是将 TEM 和力学加载装置结合,在对 TEM 中的样品进行力学加载的同时,原位观察和记录微观组织结构演变的动态过程。这样既能保证观察手段的分辨率,又可对不同应力应变下的材料变形或断裂过程进行原位跟踪。目前,该技术已被广泛应用于晶界运动[89]、裂纹的萌生与扩展[81]、应力诱导相变[90]、孪生变形[91]等研究中,并取得了一系列重要的研究成果。

借助 In-situ TEM,Ovri 等[92]观察了过时效态 Al-Li 合金中的位错滑动行为,认为位错切过析出相,但由于观察视场较大,没有展示出细致的交互过程;Caillard 等[93]研究锆合金拉伸变形时发现,位错扫过析出相时没有留下位错环,作者将这一现象解释为析出相与基体的界面吸收了位错。

在研究断裂行为方面,Kim 等[94]利用 In-situ TEM 研究了铜箔中裂纹和晶界的交互作用,根据晶界处裂纹的张开角度,给出了不同晶界特征对裂纹扩展的影响规律。单智伟等[95]利用 In-situ TEM 研究了 Ni_3Al 单晶的裂纹萌生与扩展行为,通过迹线分析和Schmid因子确定了裂纹扩展的晶体学特征,指出Z字形裂纹扩展的驱动力来源于位错塞积导致的内应力和外场应力(裂纹萌生与扩展的原动力)两个方面。石晶等[96]对α-Ti进行了In-situ TEM技术研究,通过双光束衍射和Schmid因子分析,确定了激活滑移系和位错的伯格矢量。Baik等[97]利用In-situ TEM研究了高锰钢的微裂纹萌生与扩展行为,分析了滑移系与裂纹扩展路径的联系以及微裂纹与孪晶的交互作用。张静武[98]利用In-situ TEM研究了高锰奥氏体钢、304L不锈钢、黄铜和铝的塑性变形和裂纹萌生与扩展行为。同时,借助SAED指出了裂纹尖端无位错区内晶格畸变和裂纹扩展之间的对应关系。

以上文献表明,In-situ TEM技术是动态观察材料塑性变形行为和位错运动的有效方法,有助于人们准确把握实验现象的变化规律和本质,有利于深化对材料本征特性的认识。

1.3.2 原位电子背散射衍射技术

扫描电镜(Scanning electron microscope,SEM)中搭载拉伸台,可在对样品力学加载的同时,进行组织形貌的观察,即原位扫描电镜(In-situ SEM)技术。该技术在金属材料塑性变形和失效断裂研究方面得到大量应用,取得了很多有价值的研究成果。电子背散射衍射(Electron back scatter diffraction,EBSD)技术是对基于SEM中电子束在倾斜样品表面激发出的衍射菊池带的分析确定晶体结构和取向的方法,已经被广泛应用于多晶体相鉴定、取向、织构和界面分析等多个领域。将以上两种技术结合,在SEM中原位拉伸时,在不同应变量下采集同一个区域的EBSD信号,即原位电子背散射衍射技术(In-situ EBSD)。早在1996年,In-situ EBSD就被应用于多晶体塑性变形的晶体转动研究中[99]。但由于当时EBSD采集速度较慢,该技术发展缓慢。近年来,随着EBSD采集软件运算速率的提升和具有高亮度电子束的场发射SEM的普及,该技术在材料科学多个领域中的应用蓬勃开展。

在铝合金研究的应用方面,Kahl等[100]利用In-situ EBSD研究了3003铝合金板材的塑性变形和断裂行为,在研究中利用铝合金表面第二相颗粒物作为标记点计算铝合金的应变,得出了不同应变量下的微观组织演变规律,并与理论模型预测的晶体转动行为进行了对比。研究指出,在微裂纹萌生处的晶粒,其Schmid因子比平均值较大,在塑性变形过程中晶体取向转动幅度小于裂纹周围晶粒的转动幅度。

In-situ EBSD在镁合金研究的应用方面,Liu等[101]和Zheng等[102]研究了

Mg 合金孪生行为，宋广胜等[103]研究了 AZ31 镁合金滑移系和孪生启动机制。

In-situ EBSD 在不锈钢的应用方面，骆靓鉴等[104]研究了铁素体不锈钢的组织演变和晶体转动行为。Li 等[105]研究了双相钢在塑性变形过程中的织构演变规律和晶体转动行为，利用 EBSD 数据的衍射带斜率(Band slope)分析方法区分了铁素体和马氏体。另外，相关研究还表明铁素体晶粒是应力集中的区域，易于萌生微裂纹。Gussev 等[106]研究了含 Ni 不锈钢的相不稳定性，发现电子束辐照计量对合金的变形机制有明显影响，并利用不同分析方法讨论了孪生变形机理和马氏体相变机制。Wright 等[107]研究了 S25C 钢的晶体转动行为，并对比分析了 EBSD 的多种取向差分析策略。

上述文献表明，基于 SEM 的 In-situ EBSD 已经成为研究多晶体材料塑性变形和失效断裂行为有力工具。一方面，其具有亚微米分辨率和较高的角度分辨率，可以给出精细组织变形的取向演变过程；另一方面，其大视野采集数据与多种数据分析策略及统计方法相结合，可以满足对组织结构演变行为进行直观、定性和定量的分析。相比该技术，In-situ TEM 在空间分辨率方面更具优势，其不仅可以直接观察到微裂纹尖端无位错区、位错反塞积区的形状、大小等特征，而且可以观察到滑移和位错运动以及微裂纹扩展的动态过程。同时利用以上两种技术研究材料的塑性变形和微裂纹萌生与扩展行为，可以两者优势互补，相互支撑。

1.4　本书的研究意义及研究内容

变形铝合金以其低的密度和优异的力学性能被广泛应用于航空航天、交通运输、电工电子和化学工业等领域，其合金部件在服役过程中突然失效断裂往往会带来严重灾难。断裂过程一般包括微裂纹萌生、扩展和失稳断裂。变形铝合金中多尺度第二相和择优取向导致的微纳观组织不均匀性对微裂纹萌生与扩展有重要影响。因此，在微米和纳米尺度下研究变形铝合金微裂纹萌生与扩展的内在机理和影响机制对合金成分设计、变形加工工艺和优化合金力学性能有理论参考价值，研究结果对提高铝合金的承载能力、延长使用寿命、提高可靠性以预防事故的发生均具有十分重要的现实指导意义。

变形铝合金在加工变形时会形成择优取向分布。Al-Zn-Mg-Cu 合金作为强度最高的变形铝合金，多尺度第二相与运动位错交互作用是其强度的主要来源；而 1060 铝合金是塑性最好的变形铝合金，也被称为商业纯铝。选取以上两种典型的变形铝合金为研究对象，主要采用先进的 In-situ EBSD 和

In-situ TEM 技术分别在微米和纳米尺度下研究了上述铝合金微裂纹萌生与扩展的内在机理和影响因素。对有第二相的 Al-Zn-Mg-Cu 合金重点研究多尺度第二相对微裂纹萌生与扩展的影响规律;对无第二相的 1060 铝合金,重点研究晶体取向对微裂纹萌生与扩展的影响规律。研究内容包括以下几方面。

(1)利用 In-situ EBSD 在微米尺度下研究 1060 铝合金的微裂纹萌生与扩展过程,分析晶体转动规律和微观组织演变规律,确定晶粒激活滑移系和断裂面的晶体学指数。具体包括:

①研究微裂纹萌生与扩展过程的微观组织演变行为;

②研究初始取向对晶粒塑性变形和晶体转动行为的影响规律;

③研究晶体转动过程中 Schmid 因子的演变规律。

(2)利用 In-situ TEM 在纳米尺度下研究 1060 铝合金的微裂纹萌生与扩展过程,重点研究位错与滑移在微裂纹萌生前后的运动行为,分析激活滑移系和微裂纹扩展的内在联系。具体包括:

①研究微裂纹萌生位置和形核机理;

②研究晶界对微裂纹萌生与扩展的影响规律;

③研究裂纹尖端结构及其位错组态。

(3)利用 In-situ EBSD 在微米尺度下研究 Al-Zn-Mg-Cu 合金晶体取向和微米级结晶相对微裂纹萌生与扩展的影响规律。具体包括:

①研究 Al-Zn-Mg-Cu 合金的微观组织、第二相和织构;

②研究织构对裂纹萌生与扩展的影响规律;

③研究粗大结晶相对裂纹萌生与扩展的影响规律。

(4)利用 In-situ TEM 在纳米尺度下研究 Al-Zn-Mg-Cu 合金微裂纹萌生与扩展的纳观组织结构演变特征。具体包括:

①研究晶界对微裂纹萌生与扩展的影响规律;

②研究亚微米第二相和纳米级析出相与位错交互作用机制;

③研究亚微米第二相和纳米级析出相微裂纹萌生与扩展的影响规律。

第2章　实验合金、设备和方法

本书的研究对象选用两种典型的变形铝合金,即不可热处理强化的高塑性1060铝合金和可热处理强化的高强度Al-Zn-Mg-Cu合金,主要采用先进的In-situ EBSD和In-situ TEM技术,在微米和纳米尺度下研究上述材料的微裂纹萌生与扩展行为,研究目的是揭示变形铝合金微裂纹萌生与扩展的内在机理,以及多尺度第二相与晶体取向对微裂纹萌生与扩展的影响机制。本章将介绍合金成分、制备工艺和热处理工艺,以及研究所使用的实验设备和方法。

2.1　实验合金

Al-Zn-Mg-Cu合金作为强度最高的变形铝合金被广泛应用于航空航天领域,多尺度第二相与运动位错交互作用是合金高强度的主要来源。为重点突出多尺度第二相对微裂纹萌生与扩展的影响作用,本书采用喷射沉积技术制备Al-Zn-Mg-Cu合金。Al-Zn-Mg-Cu合金强度高、塑性相对较差,而1060铝合金强度低、塑性优越。本书将上述两种合金作为研究对象,对Al-Zn-Mg-Cu合金,重点研究多尺度第二相对微裂纹萌生与扩展的影响规律;对1060铝合金,重点研究晶体取向对微裂纹萌生与扩展的影响规律。

实验合金的元素含量采用PE Optima 7000型电感耦合等离子体光谱仪进行分析,两种实验合金的化学成分见表2-1。

表2-1　实验合金的化学成分(质量分数:%)

实验合金	Si	Zn	Mg	Cu	Fe	Zr	Ni	Al
1060	0.12	0.03	0.03	0.02	0.10	—	—	余量
Al-Zn-Mg-Cu	0.02	12.0	2.4	1.1	0.12	0.2	0.5	余量

（1）1060 铝合金：材料为商业用 2.5 mm 厚的板材。为消除位错亚结构的影响，参照工业退火工艺，进行了 300 ℃+2 h 的退火处理。

（2）Al-Zn-Mg-Cu 合金：采用 Ospray OS10 喷射沉积设备制备。喷射沉积过程主要包括合金熔化、液滴雾化、沉积成形三个步骤。首先将合金在真空感应炉内熔化并对熔体进行搅拌，温度为 820 ℃，合金完全熔化后保温 10 min，然后进行喷射雾化。雾化气体压力为 0.75 MPa，熔体流速为 11 kg/min，沉积距离为 720 mm。实验制得直径约 180 mm、高约 400 mm 的沉积态合金。为消除沉积态合金孔洞缺陷和提高合金致密度及组织均一性，选取沉积态坯料芯部直径为 75 mm、高度为 200 mm 的圆柱体进行热挤压，挤压温度为 420 ℃，挤压比为 25∶1，得到直径为 15 mm 的棒材。为考察时效析出相在微裂纹萌生扩展过程中的作用和行为，参照成分相近的喷射沉积 Al-Zn-Mg-Cu 合金的固溶和峰值时效（T6）处理制度[11,24]，对上述挤压态棒材进行热处理得到实验合金。固溶处理在上海亿丰 SG 2-2.5-9 箱式电阻炉中进行，温度 485 ℃，保温时间 2 h，水冷淬火。峰值时效处理在 HH-QS 型数显循环恒温油浴炉中进行，温度 120 ℃，保温时间 24 h，水冷。

采用非标样拉伸实验测试了以上两种实验合金的力学性能，测试结果如表 2-2 所示。拉伸实验在 DEBEN microtest 2 000 N 拉伸台上进行，拉伸速率为 0.5 mm/min。拉伸试样的取样方法和几何尺寸如图 2-1 所示，试样厚度为 1 mm。对于 1060 铝合金板材，拉伸样品的拉伸方向（Loading direction, LD）平行于板材的轧制方向（Rolled direction, RD），拉伸试样上表面的法线方向（Normal direction, ND）平行于板材的法线方向。对于 Al-Zn-Mg-Cu 合金棒材，拉伸方向 LD 平行于棒材的挤压方向。

表 2-2　实验合金的力学性能

实验合金	σ_s/MPa	σ_b/MPa	δ/%
1060	72	89	23.8
Al-Zn-Mg-Cu	676	744	7.8

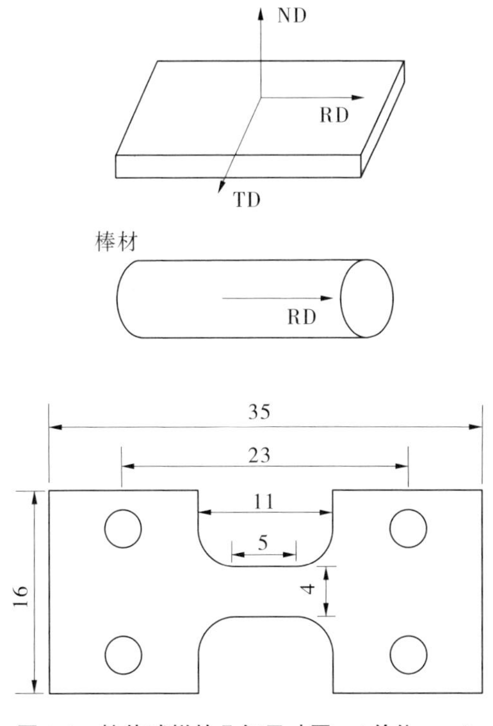

图 2-1　拉伸试样的几何尺寸图　（单位：mm）

2.2　实验技术路线图

以上述两种实验合金为研究对象，按照本书研究内容，进行一系列试验，制定了包括实验材料制备工艺、热处理工艺和实验分析方法的技术路线，图 2-2 为技术路线图。

2.3　实验方法及实验设备

2.3.1　组织结构分析

本书利用 X-ray 衍射仪判定了实验合金中的物相组分。X-ray 衍射仪型号为日本理学 D/MAX-2500/PC，采用铜旋转阳极靶材，激发射线为 Cu K_α，衍射角 2θ 范围是 20°～90°，扫描角速度为 0.020 °/s。

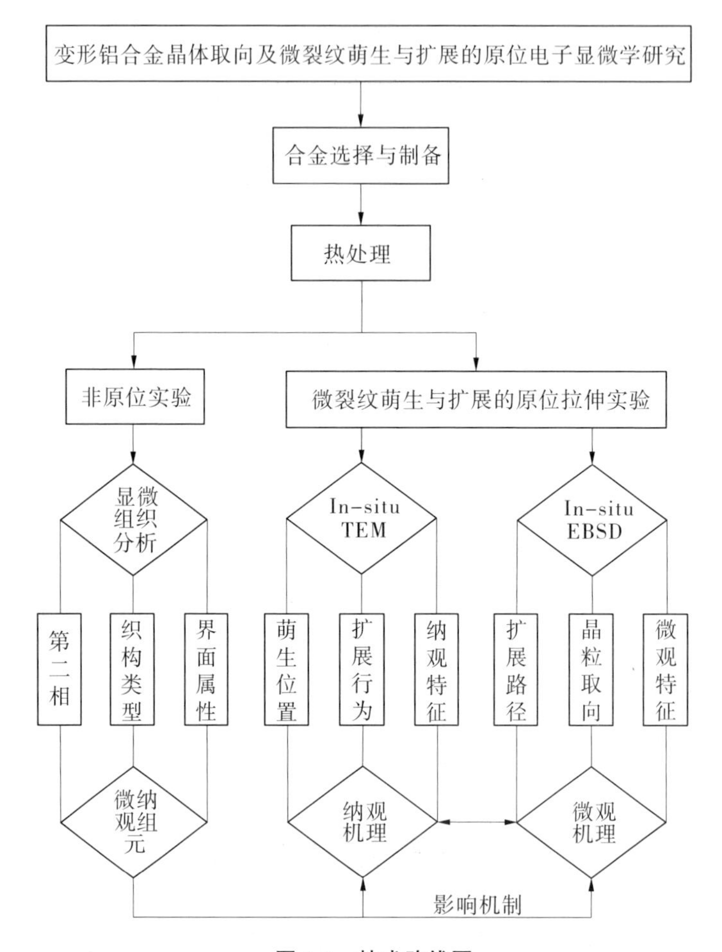

图 2-2　技术路线图

利用 SEM 表征实验合金的微观组织,SEM 型号为 FEI Quanta 650 场发射环境扫描电镜,配备有 Oxford Instruments X-Max 50 能谱仪(Energy dispersive spectrometer, EDS)、Oxford-Instrument Nordlys Nano EBSD 分析系统和 DEBEN microtest 2000N 型原位拉伸台。FEI Quanta 650 场发射环境扫描电镜加速电压为 0.2~30 kV、放大倍率 $6\sim1\times10^6$、点分辨率可达 0.8 nm(30 kV)。DEBEN microtest 2000N 型原位拉伸台可装配到 SEM 中进行原位拉伸实验;也可独立工作,用来测试样品的力学性能。SEM 样品制备过程包括粗抛、精抛和腐蚀。首先依次用 500#、1000#、1500#、2000#砂纸进行粗抛;然后用抛光机进行精抛,所用金刚石研磨膏的粒度为 W1;最后用腐蚀剂腐蚀抛光后的样品表面,腐蚀时间为1.5 min。腐蚀剂为Keller试剂(95 ml H_2O+2.5 ml HNO_3+1.5 ml HCl +1 ml HF)。

TEM+EDS可以直接得到与材料形貌对应的结构和成分信息,具有高分辨、高放大倍数等特点。本书使用了2台TEM,型号分别为FEI Talos 200X和JEOL-2010。FEI Talos 200X TEM主要用于实验合金中各种物相的形态、结构和成分信息的表征,其电子枪为肖特基热场发射,点分辨率为0.25 nm,信息分辨率为0.12 nm,STEM分辨率为0.16 nm,可同时采集4幅来自不同角度的电子信号:明场像、环形明场像,环形暗场像和高角环形暗场像。JEOL-2010 TEM主要用于衍衬分析和原位拉伸实验,其配备Gatan 654单倾拉伸样品杆,可实现在应力加载或高温环境下样品的微观组织形貌变化的观察和记录。记录设备为Gatan 831 CCD相机和Gatan 782 CCD相机。JEOL-2010透射电镜的信息分辨率为0.14 nm,点分辨率为0.23 nm。

TEM样品制备过程为:首先将实验合金用慢速切割机切成1 mm厚的薄片,用500#~1 000#的砂纸将薄片磨薄至80 μm,然后用Gatan 659冲片器将薄片冲成直径为3 mm的圆片,最后利用上海教达机电科技有限公司生产的MTP-1A型电解双喷减薄仪进行样品减薄。电解液为30%的硝酸甲醇溶液,温度为-30 ℃,电流为50 mA,电压为20~30 V。对于电解双喷后薄区厚度不满足观察条件的样品,再采用Gatan 691离子减薄仪进行小角度(2°~4°)、低能量(2.5 kV)、短时间(10~25 min)的离子减薄。

2.3.2 In-situ TEM

本书使用的JEOL-2010 TEM配备了普通双倾样品杆和Gatan 654单倾拉伸样品杆,如图2-3所示。利用JEOL-2010 TEM和Gatan 654单倾拉伸样品杆[见图2-3(b)]对实验合金在应力加载条件下进行In-situ TEM观察和记录。该样品杆的行程为0~2.5 mm,加载速度为1 μm/s。由于该样品杆为单倾样品杆,难以实现对样品感兴趣区域的二维晶格像观察。采用了两种In-situ TEM拉伸样品制作方法,一种为常规的一体式In-situ TEM拉伸样品,主要实现拉伸变形的动态过程研究;另一种为组合式In-situ TEM拉伸样品,主要实现拉伸后变形组织和裂纹尖端区域的HRTEM观察、分析。

一体式In-situ TEM拉伸样品尺寸如图2-4所示,图中箭头所指区域为观察薄区。两侧直径为1.4 mm的孔用于固定样品。In-situ TEM拉伸样品制备过程如下:首先将实验合金用线切割成100 mm×14 mm×3.5 mm的条状样品,用500#~1000#的砂纸将条状样品的表面打磨光滑,并把条状样品的几何尺寸

(a) 普通双倾样品杆

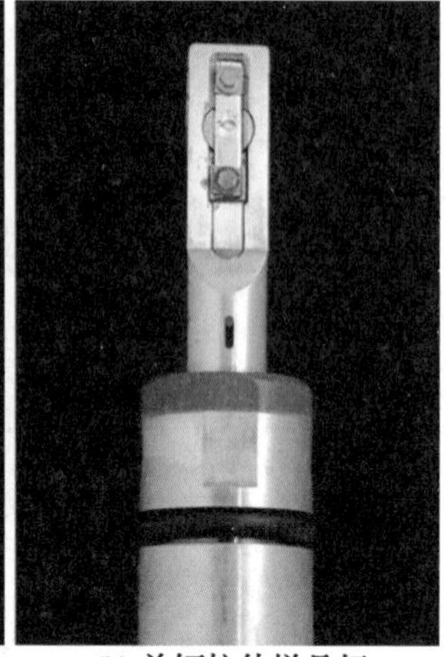

(b) 单倾拉伸样品杆

图 2-3　JEOL-2010 透射电镜配备的样品杆

磨至 100 mm×11.5 mm×2.5 mm;然后用慢速台转在条状样品端部的两侧加工直径为 1.4 mm 的 2 个孔,将开孔后的条状样品放到慢速切割机上切割成 0.5 mm 的薄片。最后依次用 500#、1000#、1500#、2000#砂纸将薄片磨薄至 80 μm,利用电解双喷减薄仪对薄片样品中心部位进行电解双喷减薄,电解双喷减薄仪型号为上海教达机电科技有限公司生产的 MTP-1A 型,电解液及电解双喷技术参数同 2.3.1。

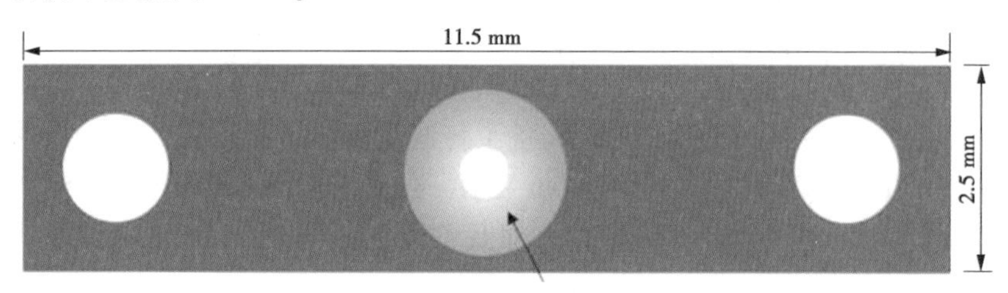

图 2-4　一体式 In-situ TEM 拉伸样品尺寸

组合式 In-situ TEM 拉伸样品尺寸如图 2-5 所示。其制备流程如下:首先将实验合金机械减薄至 80 μm;然后冲孔为 3 mm 的圆片,利用上海教达机电科技有限公司生产的 MTP-1A 型电解双喷减薄仪进行电解减薄;再将穿孔后的样品放到 Gatan 691 离子减薄仪上进行小角度(3°)、低能量(3.0 kV)精修,时间为 15 min。后将该标准的 3 mm TEM 样品粘贴到两个预制好的样品支架上,待胶水固化后将该拉伸样品装配到 Gatan 654 单倾拉伸样品杆上,进行 In-situ TEM 拉伸研究。在 In-situ TEM 研究完成后,将该拉伸样品从 Gatan

654 单倾拉伸样品杆上卸下，浸入丙酮溶液中，待标准的 3 mm TEM 样品脱落，将该脱落的样品装配到普通双倾样品杆[见图 2-3(a)]上进行 HRTEM 研究。通过这种方法对受力变形开裂后的样品进行观察，可以得到裂纹尖端及其裂纹两侧的晶格变形情况，属于非原位(Ex-situ)分析。

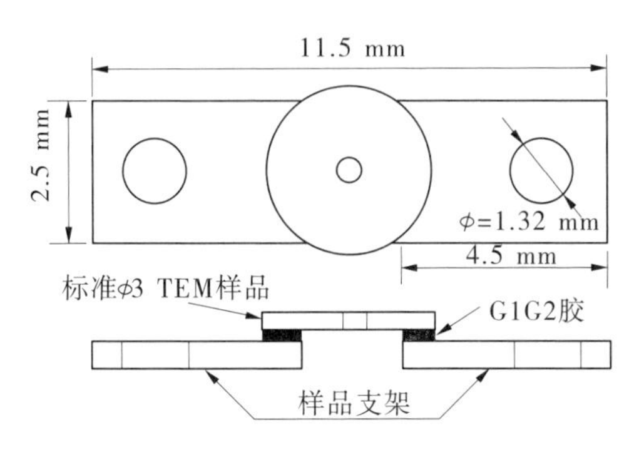

图 2-5　组合式 In-situ TEM 拉伸样品尺寸

2.3.3　In-situ EBSD

本书利用 In-situ EBSD 技术研究了实验合金在应力加载条件下裂纹萌生与扩展过程中的取向演变行为。In-situ EBSD 实验利用 FEI Quanta 650 场发射环境扫描电镜及其配套的 Oxford-Instrument Nordlys Nano EBSD 分析系统和 DEBEN microtest 2000N 型原位拉伸台实现。由于原位拉伸台上样品观察到的表面与扫描电镜电子束夹角为 90°，不符合电子背散射衍射信号采集的角度(70°)，本书自行设计了原位拉伸台样品夹具。改装后的 In-situ EBSD 原位拉伸台及样品放置如图 2-6 所示。

在 In-situ EBSD 实验前，根据实验合金的力学性能预估样品的变形伸长量，选择几组目标变形量。实验过程中，在这几个目标变形量下采集 EBSD 信息。首先，在未加载应力前选择感兴趣区域，在合适的放大倍数下采集 EBSD 信息，随后给样品加载应力，达到目标变形量后，保持加载，采集同一区域变形后的 EBSD 信息，再继续加载应力，重复上述步骤，直至样品开裂。在保持加载状态采集 EBSD 信号时，样品会发生松弛造成应力少量下降，但不影响信号的采集，可以忽略此部分影响。EBSD 信号采集用到的 SEM 加速电压为 20 kV，束斑尺寸为 5 nm，工作距离为 20 mm，探头位置为 205 mm。

In-situ EBSD 拉伸样品尺寸如图 2-7 所示，样品厚度为 1 mm。EBSD 信号采集区域位于预制缺口上方。In-situ EBSD 拉伸样品制备过程如下：首先将实

图 2-6　改装后的 In-situ EBSD 原位拉伸台及样品放置

验合金用线切割成如图 2-7 所示的几何尺寸，用 500#~1000#的砂纸将样品表面打磨光滑；然后用抛光机对样品光滑面进行精抛；最后用 TASI 直流电源和 DJ-1 磁力搅拌器对精抛后的样品表面进行电解抛光。电解抛光温度为-30 ℃，电压为 20~30 V，电流约为 200 mA。电解液为 10%的高氯酸酒精溶液。

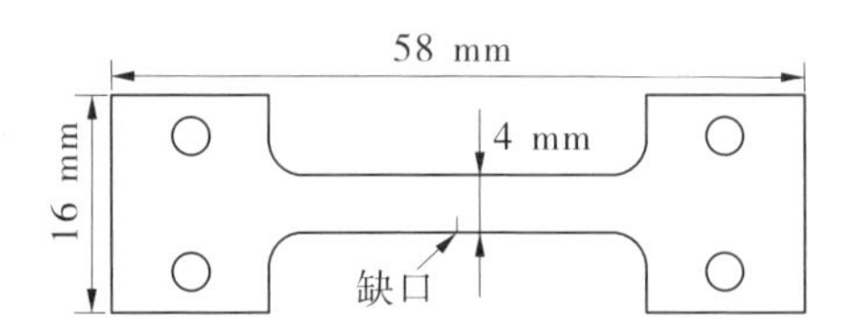

图 2-7　In-situ EBSD 拉伸样品尺寸

2.3.4　特征面的迹线分析

铝合金的滑移面是最密排的{111}晶面，其断裂也容易沿某些特定晶面开裂，确定这些特征面的取向有助于理解塑性变形和裂纹扩展。然而特征面是空间的平面，实验中只能看到样品表面和这些特征面在样品表面留下的迹线。迹线其实就是特征面和样品表面的交线。EBSD 可以给出晶粒的取向信息，通过晶粒取向信息和迹线方向推断出迹线对应特征面的晶体学指数。

确定滑移面取向的方法如下：在样品坐标系 LD-TD-ND 下（LD 为拉伸方向，TD 为横向，ND 为拉伸样品表面法线方向），EBSD 给出的晶体取向为欧拉角（φ_1, ϕ, φ_2），可转换为密勒指数形式（hkl）<uvw>，其中，（hkl）//ND，

<uvw>//LD。欧拉角(φ_1,ϕ,φ_2)和密勒指数之间的关系为:

$$\begin{bmatrix} u & r & h \\ v & s & k \\ w & t & l \end{bmatrix} = \begin{bmatrix} \cos\varphi_1\cos\varphi_2 - \sin\varphi_1\sin\varphi_2\cos\phi & \sin\varphi_1\cos\varphi_2 + \cos\varphi_1\sin\varphi_2\cos\phi & \sin\varphi_2\sin\phi \\ -\cos\varphi_1\sin\varphi_2 - \sin\varphi_1\cos\varphi_2\cos\phi & -\sin\varphi_1\sin\varphi_2 + \cos\varphi_1\cos\varphi_2\cos\phi & \cos\varphi_2\sin\phi \\ \sin\varphi_1\sin\phi & -\cos\varphi_1\sin\phi & \cos\phi \end{bmatrix} \tag{2-1}$$

铝合金具有 4 个{111}滑移面,每个滑移面上 3 个[110]滑移方向组成的 12 个独立滑移系统$\{h_ik_il_i\}<u_iv_iw_i>$($i=1,2,3\cdots12$,i 表示第 i 个滑移系),由于滑移后样品表面的迹线为滑移面和样品表面的交线,所以对于给定晶粒取向$(HKL)<UVW>$,第 i 个滑移系启动后留在样品表面的迹线可以表示为$[R_iS_iT_i]$,

$$[R_iS_iT_i] = [HKL] \otimes [h_ik_il_i] \tag{2-2}$$

那么,该迹线和 LD 方向的夹角 ω_i^C (C 表示计算)可以由式(2-3)得出

$$\omega_i^C = \pm \arccos \frac{R_iU + S_iV + T_iW}{[(R_i^2 + S_i^2 + T_i^2)(U^2 + V^2 + W^2)]^{1/2}} \tag{2-3}$$

通过对比 ω_i^C 和从扫描电镜图片中实际测量出的迹线和 LD 之间的夹角 ω^E,就可以确定该迹线对应的滑移面。

此外,还可以根据晶体取向,计算得到 12 个独立滑移系统$\{h_ik_il_i\}<u_iv_iw_i>$的 Schmid 因子,根据 Schmid 定律,第 i 个滑移系的 Schmid 因子 m_i 可以表示为

$$m_i = \cos\lambda_i\cos\varphi_i \tag{2-4}$$

λ_i 为第 i 个滑移系中滑移方向$<u_iv_iw_i>$和拉伸方向$<UVW>$之间的夹角,φ_i 为第 i 个滑移系中滑移面$\{h_ik_il_i\}$法线方向和拉伸方向$<UVW>$之间的夹角。λ_i 和 φ_i 可由式(2-5)和式(2-6)计算得到

$$\lambda_i = \pm \arccos \frac{u_iU + v_iV + w_iW}{[(u_i^2 + v_i^2 + w_i^2)(U^2 + V^2 + W^2)]^{1/2}} \tag{2-5}$$

$$\varphi_i = \pm \arccos \frac{h_iU + k_iV + l_iW}{[(h_i^2 + k_i^2 + l_i^2)(U^2 + V^2 + W^2)]^{1/2}} \tag{2-6}$$

根据以上公式计算,得到具有最大 Schmid 因子的滑移系,进而可以判断迹线对应的激活滑移系与 Schmid 定律预测的是否一致。

对于裂纹断裂面的取向可用如下方法确定:由于金属的断裂解理面一般是低指数晶面,所以可将裂纹断裂面迹线与裂纹两侧晶粒的低指数极图进行对比分析,如迹线与低指数极图圆心和某一低指数极点的连线总是垂直的,则可认为这一低指数晶面就是断裂面。

第 3 章　1060 铝合金取向演变及微裂纹萌生与扩展的 In-situ EBSD 研究

对变形开裂过程中晶粒取向的表征和定量化有助于深入理解塑性变形行为和微裂纹萌生与扩展的内在联系，也是建立裂纹扩展晶体学模型的关键。本章主要借助 In-situ EBSD 技术，研究了 1060 铝合金微裂纹萌生与扩展过程中的取向演变行为。首先研究了实验合金的微观组织和织构，确定了晶粒尺寸和晶界分布。其次动态研究了变形过程中的微观组织、取向转动、晶界以及 Schmid 因子等演变行为，确定了微观组织演变特征、晶体取向转动规律，阐释了取向转动与 Schmid 因子演变的内在联系。最后根据开裂位置的取向和组织特征，确定了微裂纹萌生与扩展的晶体学特征。

3.1　1060 铝合金微观组织与织构

对 1060 铝合金进行了物相分析，图 3-1 为该合金 TD-RD 面的 XRD 图谱，根据 JCPDF 卡片，标定合金主要物相为 Al。对比 Al 多晶粉末（JCPDF-894037）各个晶面的衍射强度可知，该合金存在明显织构。

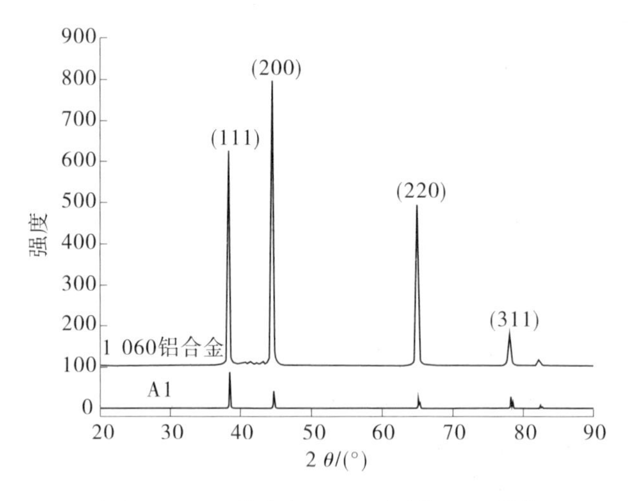

图 3-1　1060 铝合金 TD-RD 面的 XRD 图谱

图 3-2(a)和(b)分别为 1060 铝合金平行于 RD 和 TD 方向的取向图,右下角插图为取向图例,观察面为轧面,标尺为 100 μm。根据图中晶粒的颜色,对比该颜色在取向图例中的位置,可以确定晶粒的取向。如图 3-2(a)中,晶粒颜色越蓝,表示该晶粒的<111>晶向越接近 RD;晶粒颜色越红,表示该晶粒的<001>晶向越接近 RD;晶粒颜色越绿,表示该晶粒的<011>晶向越接近 RD。由图 3-2(a)可知,存在大量接近红色的晶粒,说明 1060 铝合金沿 RD 方向有择优取向,这一点与 XRD 测试结果一致。而在图 3-2(b)中,晶粒颜色分布比较随机,说明 1060 铝合金沿 TD 方向不存在明显织构。图 3-2(c)和(d)分别为 1060 铝合金的反极图(Inverse pole figure,IPF)和极图(Pole figure,PF)。由图 3-2 可知,1060 铝合金具有立方织构和铜型织构。

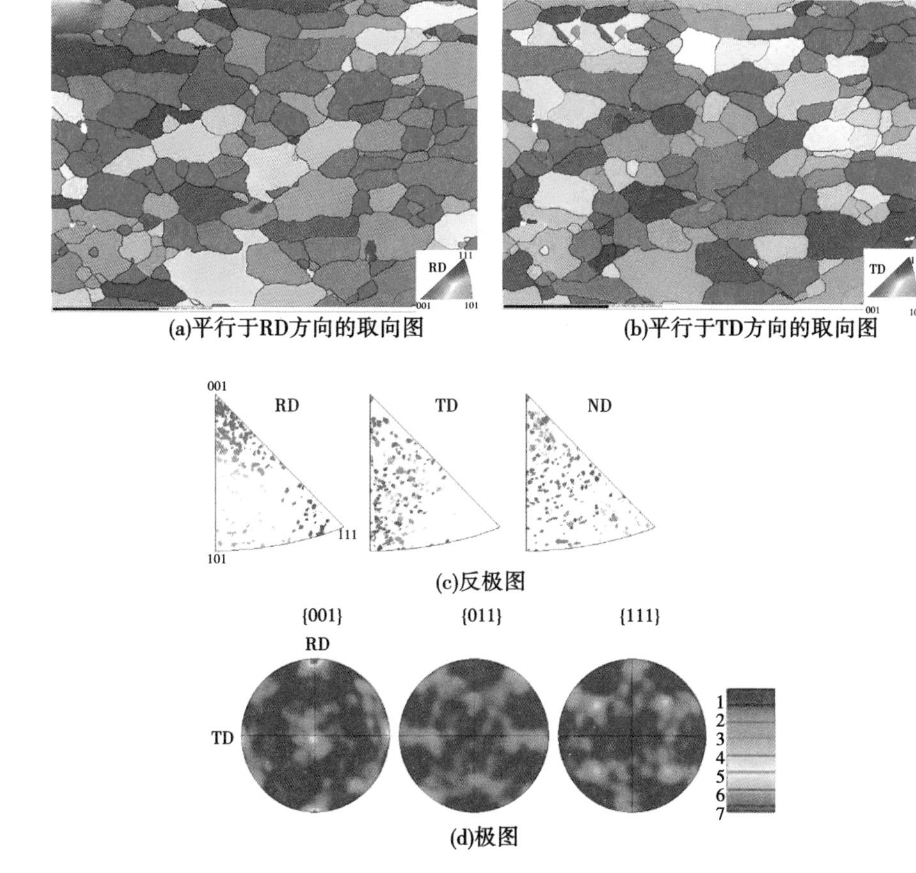

(a)平行于RD方向的取向图　(b)平行于TD方向的取向图

(c)反极图

(d)极图

图 3-2　1060 铝合金的织构

图 3-3(a)为 1060 铝合金 TD-ND 面的晶粒尺寸分布图,平均晶粒尺寸为 24.6 μm。图 3-3(b)为该合金的取向差角分布图,由 3-3(b)图可知,合金中取向差角约为 2°的晶界占比最多,为 14.5%,小角晶界(取向差角小于 10°)约为 20%,大角晶界占比约为 80%。与理论随机取向差角分布(取向差角为 45°处的晶界占比最多)相比,小角晶界较多。这主要是因为该合金具有较强的织构,取向相近的两个晶粒,其取向差角较小。

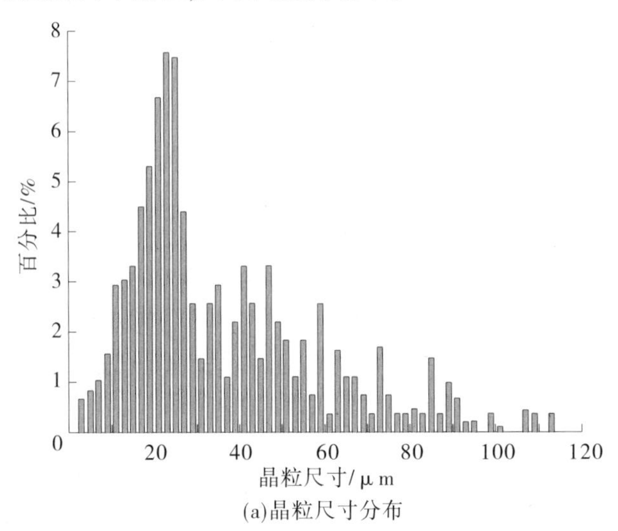

(a)晶粒尺寸分布

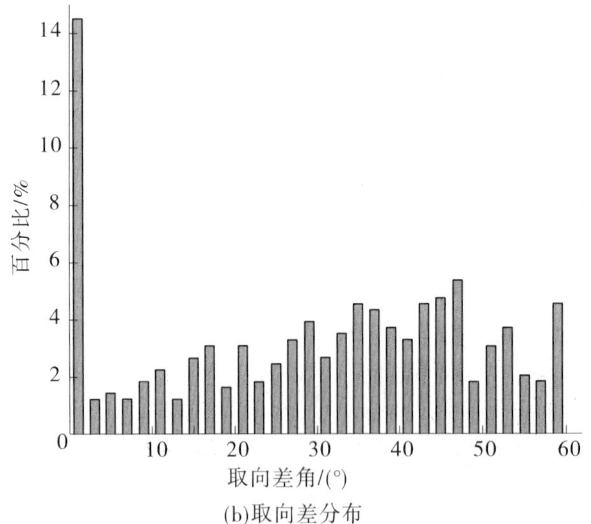

(b)取向差分布

图 3-3 1060 铝合金的晶粒尺寸和取向差角分布

3.2　1060 铝合金微裂纹萌生与扩展的 In-situ EBSD 观察

In-situ EBSD 实验时,在采集 EBSD 数据的过程中需对样品保持加载。图 3-4(a)和(b)分别为 1060 铝合金在无 In-situ EBSD 和 In-situ EBSD 时的拉伸曲线。从图 3-4 中可以看出,采集 EBSD 数据时,力会下降。这主要是由于停顿时会发生应力松弛或恢复,所以变形抗力下降。但是,两条拉伸曲线整体趋势基本一致。因此,可以认为采用 In-situ EBSD 研究应力载荷下的微观组织的动态演变行为特征接近实际塑性变形过程的微观组织特征。

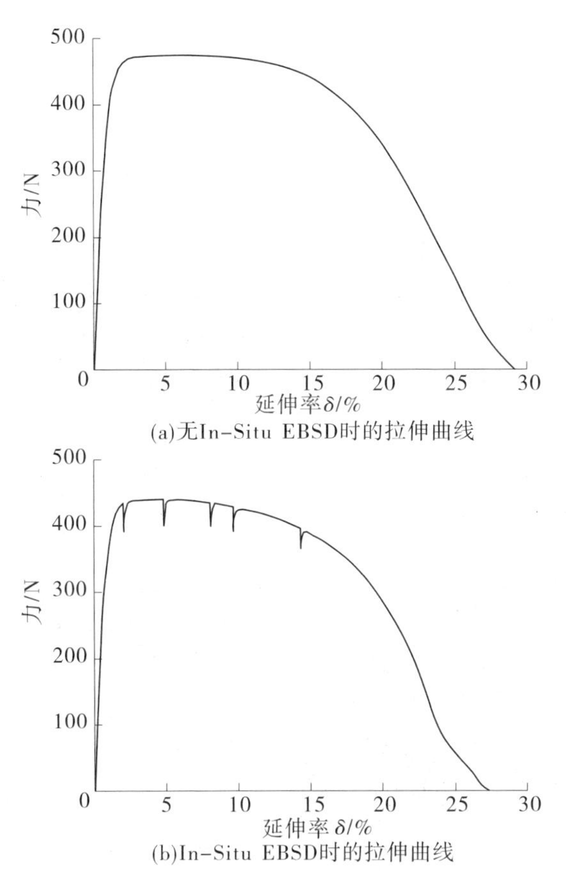

图 3-4　1060 铝合金拉伸曲线

选取 1060 铝合金轧面为观察表面，进行原位拉伸 EBSD 实验，拉伸方向(Loading direction，LD)平行于 RD。图 3-5 为 1060 铝合金预制缺口上方同一位置的系列原位 SEM 图。变形量 2%、5%、8%、10%和 15%分别对应着图 3-4(b)中拉伸曲线上应力松弛时的变形量。从图 3-5(a)拉伸前的表面形貌可以看出，样品表面平整，存在少量尺寸不一的杂质颗粒。当变形量达到 2%后，靠近缺口的少数晶粒首先发生滑移，在样品表面留下较浅的滑移迹线，如图 3-5(b)中箭头所示。变形量达到 5%时，样品表面开始“褶皱”，随着变形量继续增大，滑移迹线逐渐加深，“褶皱”现象逐渐加强。在多晶体塑性变形过程中，由于晶粒尺寸大小、取向以及周围界面等约束差异，相邻晶粒的变形行为有所不同，也就是晶粒间的不协调变形，这是造成样品表面的“褶皱”现象的主要原因。当变形量为 10%时，图 3-5(e)中左下角插图为变形最为剧烈(“褶皱”最明显)的两个晶粒的放大图，图中白线为滑移迹线的方向。变形量为 15%时，裂纹在上述两个剧烈变形的晶粒处萌生了微裂纹并直接以穿晶扩展的方式先后穿过这两个晶粒。对比裂纹扩展路径和图 3-5(e)中滑移迹线的方向，可以发现，裂纹扩展路径和滑移迹线平行，裂纹可能是沿着滑移面扩展，这一特征将在后面详细研究。

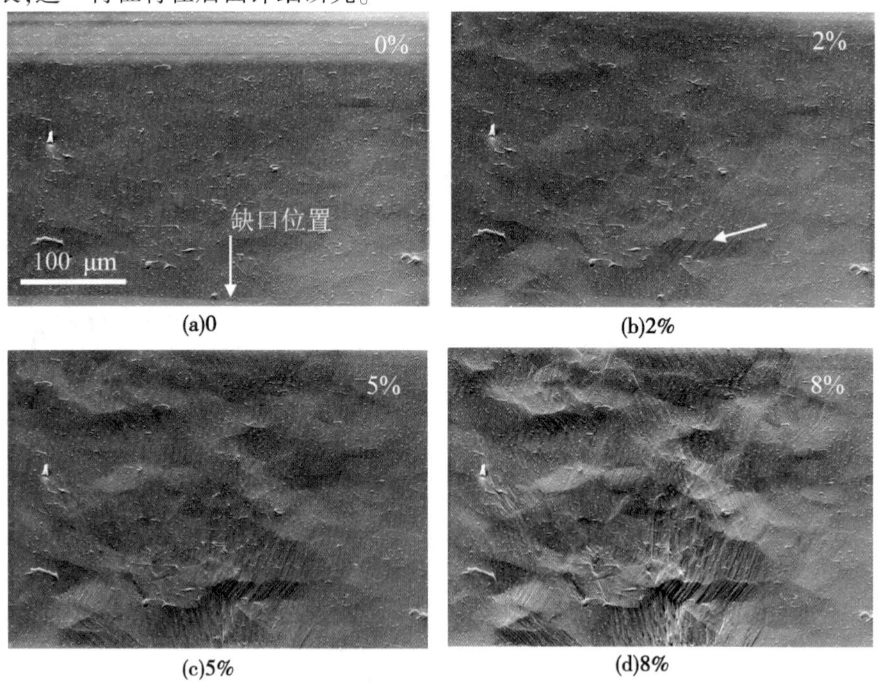

(a)0　　(b)2%

(c)5%　　(d)8%

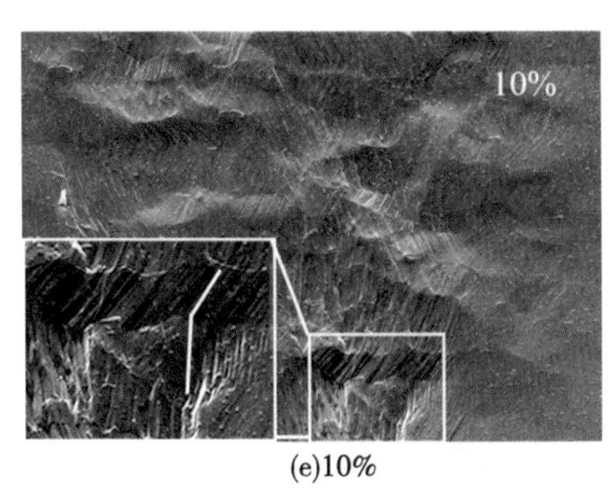

(e)10%

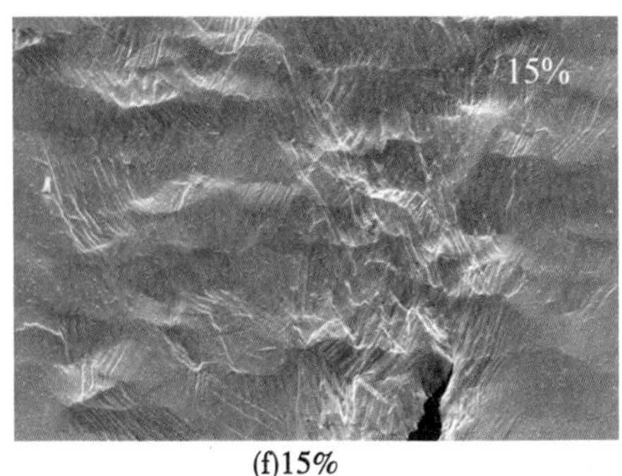

(f)15%

图 3-5　1060 铝合金预制缺口上方同一位置的系列原位 SEM 图

图 3-6 为对应图 3-5 的平行于 LD 的晶粒取向图,晶粒取向差阈值为 10°,扫描步长 1 μm,每点驻留 14.4 ms,扫描区域大小为 400 μm×280 μm,每张图像扫描时间约为 27 min。视野中共有 218 个晶粒,图例位于图 3-6(c)右下角。变形量为 0 时,如图 3-6(a)所示,视野内各个晶粒内的颜色一致,说明晶粒内部各点的取向一致。图中存在黑色的零解析区域为样品表面的杂质颗粒,这些颗粒物无法用 EBSD 标定。变形量为 2%时,如图 3-6(b)所示,图中部分晶粒颜色发生轻微变化,说明此时晶粒取向开始发生转动,塑性变形开始。随着变形量增大,晶粒的转动行为更加明显,靠近缺口位置的晶粒取向转动明显要大于远离缺口位置的晶粒取向转动。这主要是缺口位置应力集中,发生了更大的塑性变形造成的。在图 3-6(c)、(d)、(e)中,同一晶粒内部的不同区域的颜色出现差异,说明同一晶粒内不同区域的晶体转动方向存在一定差异,表现为塑性变形的局部不均匀。当变形量为 15%时,如图 3-6(f)所示,裂纹在缺口处形核并向内部穿晶扩展,裂纹尖端附近晶粒的转动行为更加明显。

(a)0

(b)2%

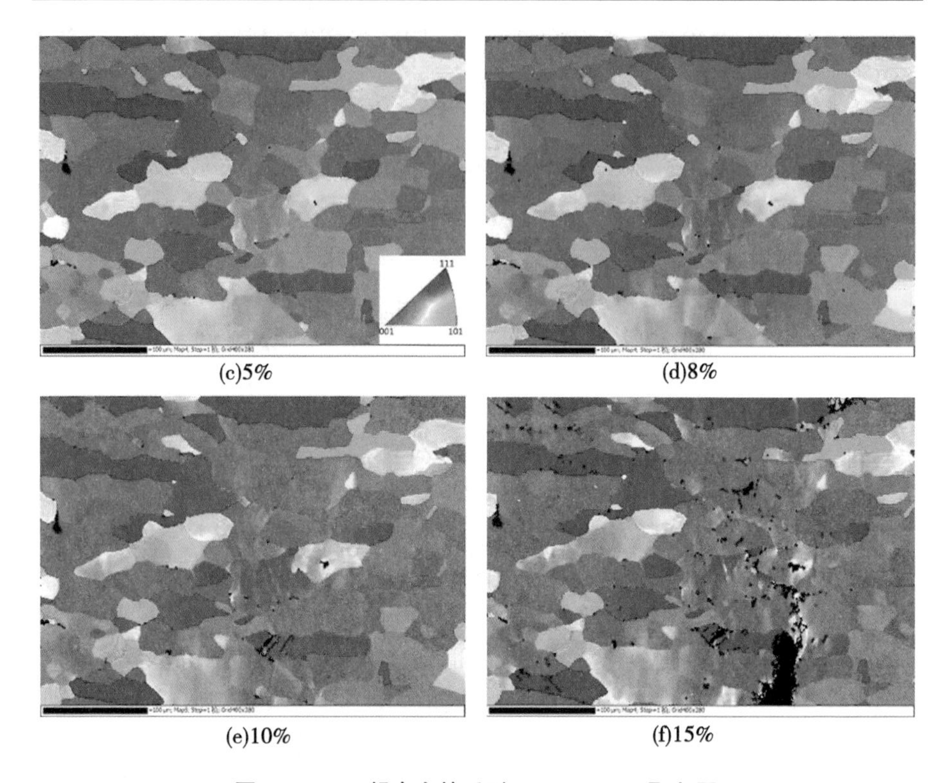

图 3-6　1060 铝合金的系列 In-situ EBSD 取向图

此外，在图 3-6(f)中，裂纹尖端附近的晶粒间和晶粒内出现了大量的零解析点(图中黑点)，这主要是由于裂纹尖端存在较大的塑性变形区，EBSD 对晶体参数十分敏感，当晶体发生较大塑性变形后，晶格发生畸变，使得 EBSD 花样模糊难以标定，形成了零解析点。

图 3-7 为同一区域的晶界分布图，图中红线为取向差小于 10°的小角晶界，黑线为大于 10°的大角晶界，绿线为∑3 晶界。由图 3-7(a)和(b)可知，在变形量为 0 和 2%时，样品中的晶界没有明显变化，主要为大角度晶界，同时存在少量的小角晶界和∑3 晶界。变形量为 5%时，新的小角晶界在晶界附近首先产生，如图 3-7(c)和(d)所示。随着变形量增大，小角晶界逐渐增多，相互缠结，并向晶粒内部扩展。对比图 3-6(e)和(f)发现，裂纹在小角晶界密集处开裂，且在裂纹形成扩展后，裂纹两侧和裂纹尖端的小角晶界聚集分布。而大角晶界和∑3 晶界相对稳定，在整个变形过程中无明显变化。

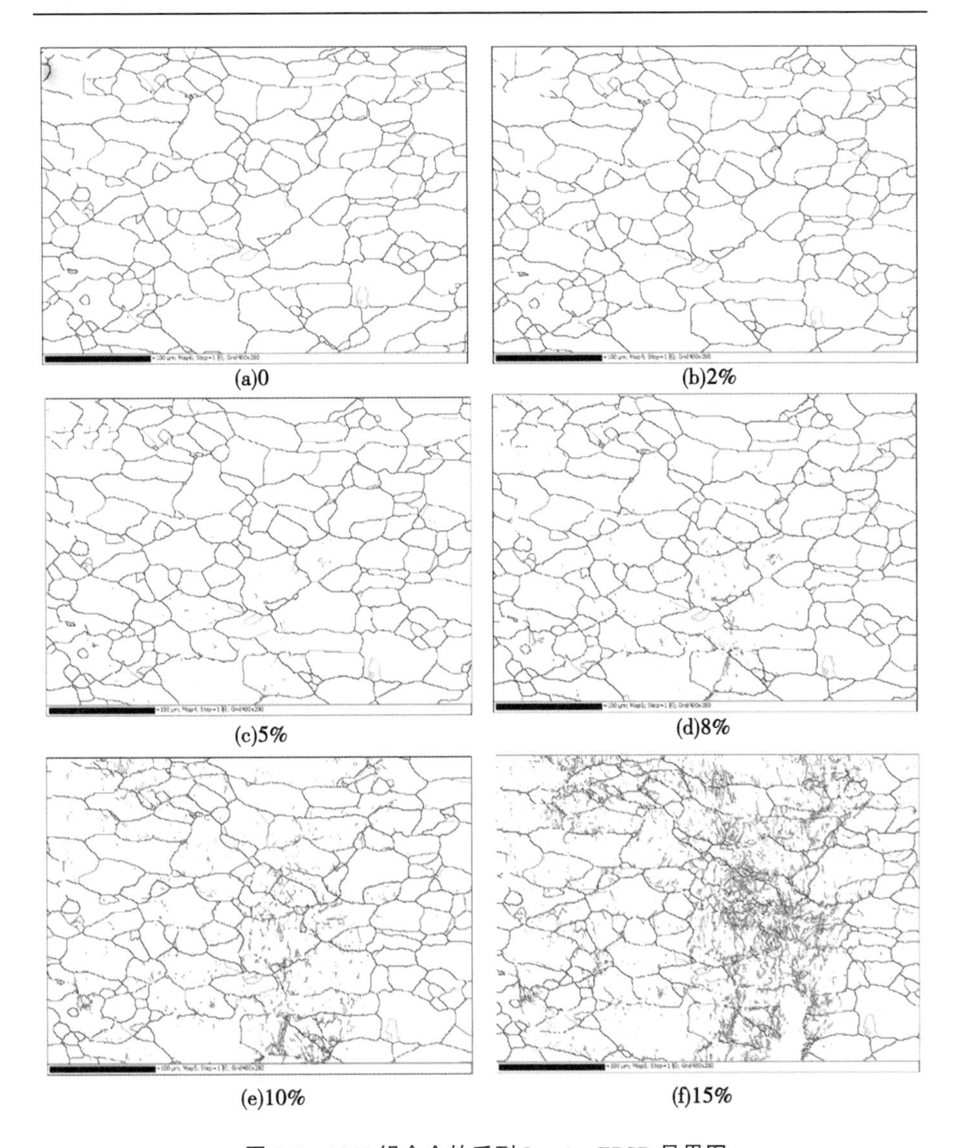

(a)0　(b)2%　(c)5%　(d)8%　(e)10%　(f)15%

图3-7　1060铝合金的系列In-situ EBSD晶界图

多晶体塑性变形的显著特点就是形成了位错和亚结构,在变形量不大的情况下,这些界面主要是小角晶界。小角晶界在晶界处产生并聚集的主要原因是晶界既是位错源又是位错运动的阻碍物。多晶体塑性变形初期,晶界处发生应力集中,进而作为位错源发射位错,致使小角晶界在晶界处逐渐增多。而当运动位错遇到晶界时,由于受到势垒作用,位错运动受阻、塞积到晶界后方,位错间相互作用、缠结,从而造成小角晶界的产生和演变。小角晶界逐渐聚集并扩展,可以诱发亚晶和变形带在晶粒内部形成,从而加剧了晶粒内部的变形不均匀性。

为定量描述晶界在变形过程中的变化规律,图 3-8 给出了不同变形量下取向差角分布图。

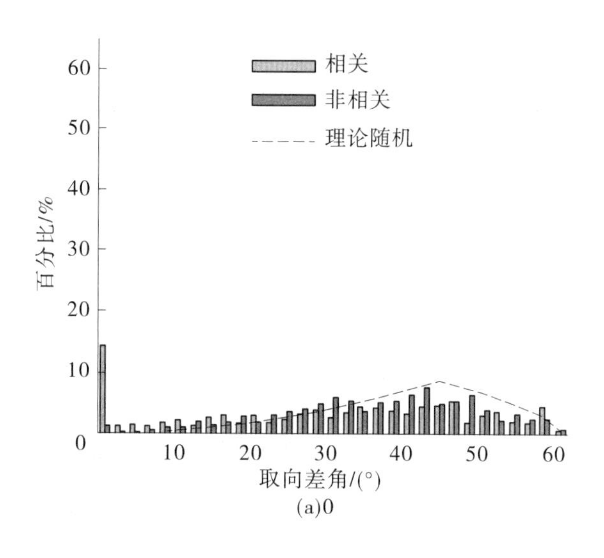

(a)0

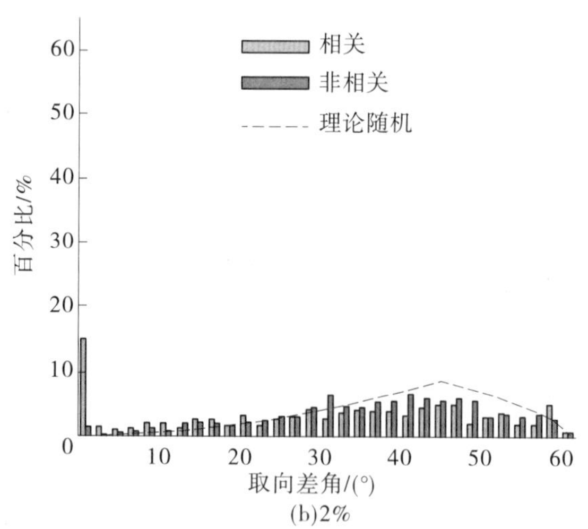

(b)2%

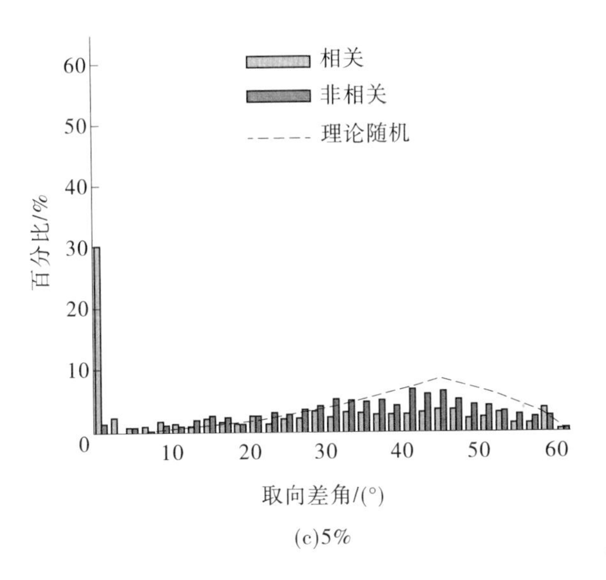
相关
非相关
理论随机
百分比/%
60
50
40
30
20
10
0
10
20
30
40
50
60
取向差角/(°)
(c)5%

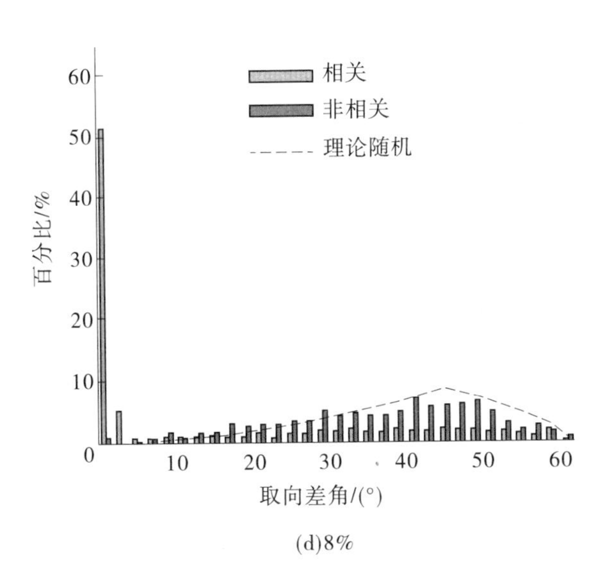
相关
非相关
理论随机
百分比/%
60
50
40
30
20
10
0
10
20
30
40
50
60
取向差角/(°)
(d)8%

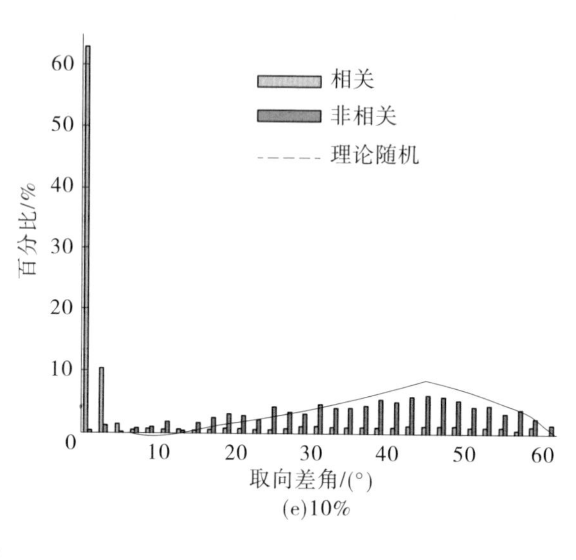

(e)10%

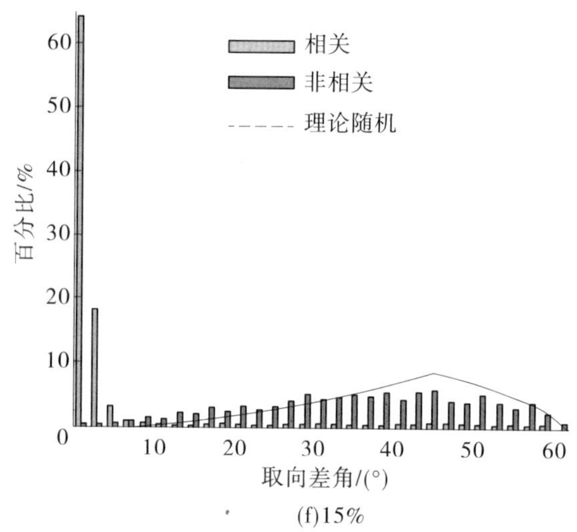

(f)15%

图 3-8 不同变形量下的取向差角分

在图 3-8 中，相关(Correlated)取向差角是直接接触的两点间的取向差，主要反映晶粒内部和晶界的“短程”取向差，而非相关(Uncorrelated)取向差角是指所测试区域内任意两点间的取向差，主要反映晶粒间的“长程”取向差[108]。理论随机(Theoretical random)取向差角是指理论上无织构多晶体任意两点间的取向差。

由图 3-8 可知,无论相关取向差角分布还是非相关取向差角分布都与理论随机取向差角分布存在差异,这主要是合金中存在织构导致的。变形量为 0 时,如图 3-8(a)所示,相关取向差角分布中的小角晶界(取向差角小于 10°)约占 20. 22%,随着变形量增大,小角晶界逐渐增多,当变形量为 15%后,小角晶界占 87. 6%。而在非相关取向差角分布中,大角晶界和Σ3 晶界(取向差角为 60°)在整个变形过程无明显变化。这主要是因为变形过程中产生大量位错和亚晶结构,致使小角晶界增多,而晶粒间的大角晶界变化不明显。

应变分布图,也称应变等高线图(Strain contouring),是一种基于晶粒内取向差定性衡量材料应变程度的方法。该方法首先计算晶粒内任意两点的取向差,然后将每个晶粒的最大取向差值置于各自晶粒的中心位置,最后对整个图以晶粒平均直径进行高斯分布累积,用不同的颜色表示每个晶粒的应变大小。

图 3-9 为不同变形量下的应变分布图叠加晶粒形貌图,由于变形量为 2%和 5%时的应变分布图变化不明显,这里只给出了变形量为 0、8%、10%和 15%的应变分布图。图中蓝色表示应变最小(最大取向差接近 0°),红色表示应变最大(最大取向差接近 3. 3°)。由图 3-9 可知,应变集中区主要位于已经发生滑移(由晶粒形貌可知)的几个晶粒之间,裂纹萌生于最大应变集中区。如图 3-9(d)所示,裂纹两侧和裂纹尖端存在较大的应变集中区。这些结果与前面用小角晶界表示变形程度的结论是一致的。值得注意的是,在图 3-9(d)中,裂纹左侧存在一个十几微米大小的黑色区域,在该区域没有应变显示,说明该区域的塑性变形较大,为零解析区域。对图 3-9(d)中最高应变区(图中红色位置)仔细观察可以发现,最大应变区域不在裂纹前方,而是在裂纹扩展路径发生较大偏转的位置,也是裂纹穿过晶界的位置,说明裂纹在穿过晶界扩展时,裂纹两侧基体发生了较大的塑性变形。

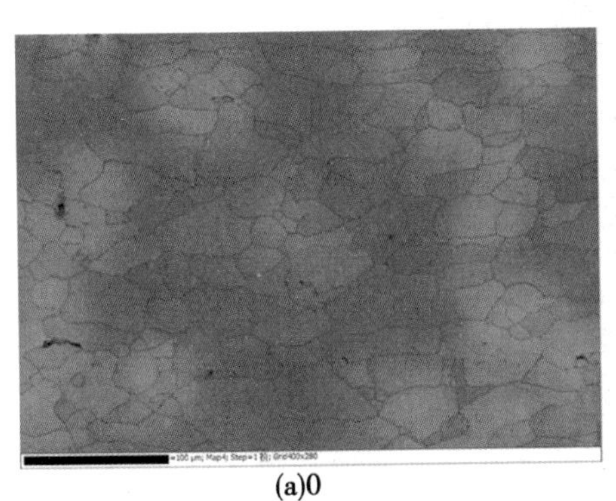

(a)0

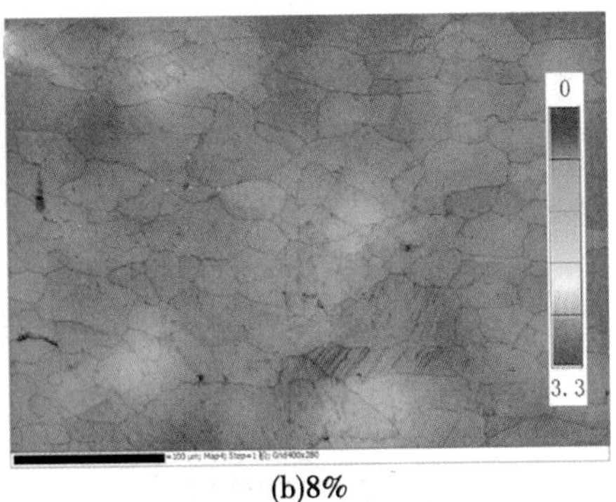

(b)8%

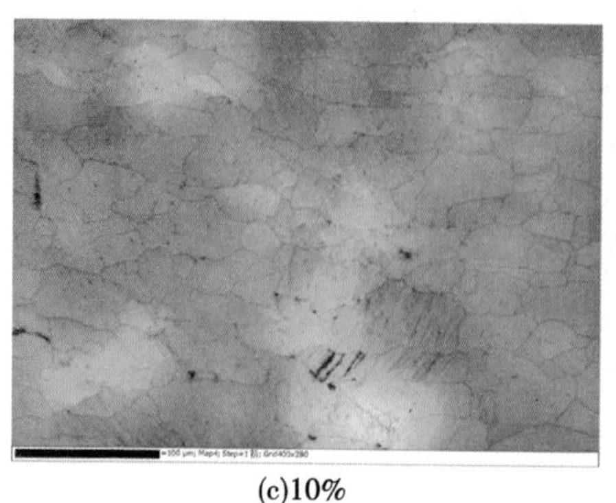
(c)10%

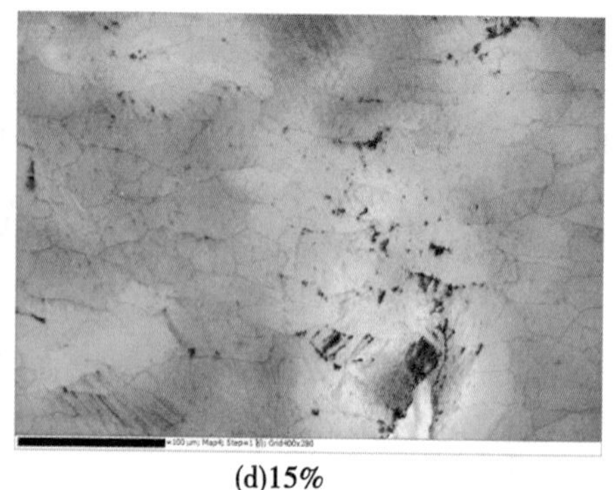
(d)15%

图 3-9　不同变形量下的应变分布图

晶体的塑性变形行为与取向有密切关系，为研究初始取向对变形行为的影响，利用小角晶界法和局部取向差法（Local misorientation）考察了上述 In-situ EBSD 研究中不同织构组分的变形程度。小角晶界法就是利用 EBSD 统计出的小角晶界长度，进而算出小角晶界的占比，这一比值可以定量反映材料的变形程度。图 3-10 为变形量 10%时不同织构组分叠加晶界的合成图，图中红线为小角晶界，黑线为大角晶界，白色区域为具有铜型织构的晶粒，黄色区域为具有立方织构的晶粒，绿色区域为随机取向的晶粒，织构偏离角度设为 10°。由图 3-10 可知，白色区域内的小角晶界要多于黄色区域内的小角晶界，也就是说，具有铜型织构取向的晶粒的变形程度要大于具有立方织构取向的晶粒的变形程度。为定量说明这一点，对不同织构组分在不同变形量下的取向差角分布进行了统计，如图 3-11 所示。

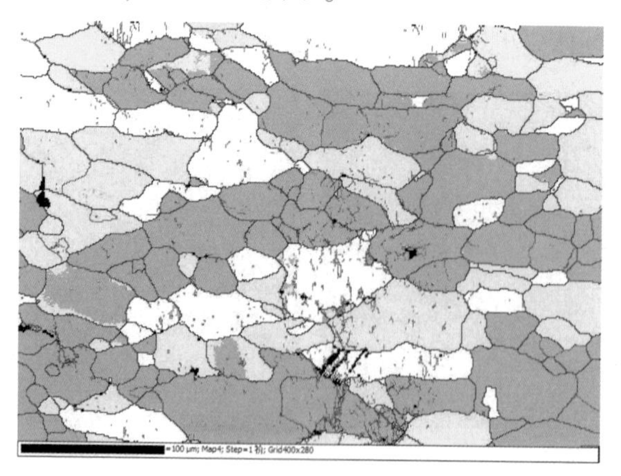

图 3-10　变形量为 10%时的织构组分叠加晶界图

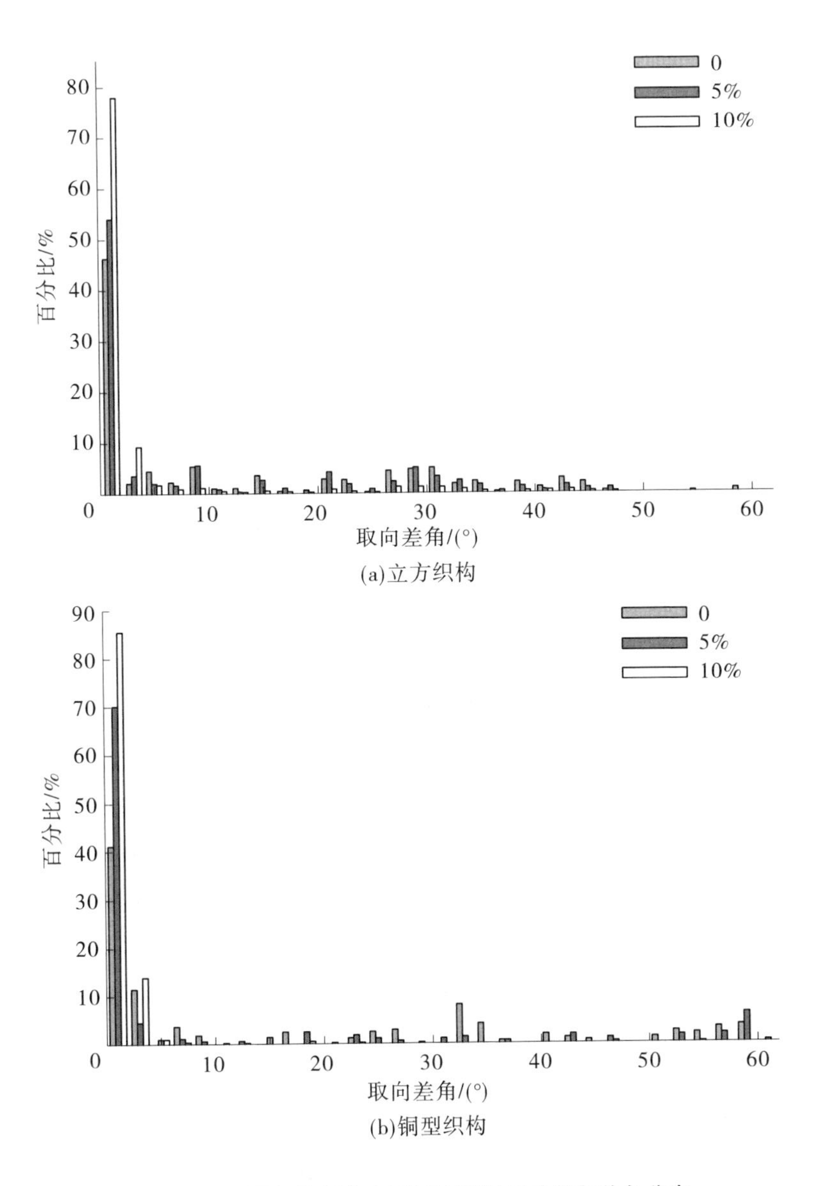

图 3-11　不同织构组分在不同变形量下的取向差角分布

图 3-11(a)为立方织构在变形量 0、5%和 10%的取向差角分布图,由图可知,拉伸前,立方织构晶粒的小角晶界数量占总晶界的 44.6%,经 10%的拉伸

变形后，小角晶界占比升高了 34.2%，升至 78.8%。而从图 3-11(b)铜型织构晶粒的取向差角变化可以看出，铜型织构取向晶粒的小角晶界数量占比由拉伸前的 41.2%上升至 85.5%，升高了 44.3%。由此可见，铜型织构在变形过程中产生了更多的小角晶界，说明具有铜型织构取向的晶粒变形程度更大。

局部取向差法是计算数据点与周围几个数据点取向差的平均值，用这一数值表示局部的应变程度。在本书中，选用 3×3 网格，中心点与周围 8 个点取向差的平均值作为该中心点的局部取向差。利用这种方法，可以得到扫描区域内所有点的局部取向差，从而可以反映出材料变形的局部应变差异。

图 3-12(a)为扫描区域内所有取向晶粒在不同变形量下的局部取向差分布。拉伸前，由于样品没有经过弹塑性变形，晶格畸变较小，局部取向差小于 0.5°的占比为 91.5%，其中，局部取向差位于 0.2°~0.3°之间的最多，占比 39.5%。随着变形量的增大，局部取向差变大，当变形量为 10%时，局部取向差小于 0.5°的占比减少至 41.5%，其中，局部取向差位于 0.4°~0.5°之间的最多，占比 17%。说明随着变形量增大，合金内产生位错，滑移系启动，由于晶界等约束，晶粒内部发生不均匀变形，局部变形不一致程度加剧。图 3-12(b)为扫描区域内立方织构取向晶粒在不同变形量下的局部取向差分布。拉伸前，局部取向差小于 0.5°的占比为 83.8%，其中，局部取向差位于 0.2°~0.3°之间的最多，占比 33.6%。随着变形量的增大，局部取向差变大，当变形量为 10%时，局部取向差小于 0.5°的占比减少至 40.2%。其中，局部取向差位于 0.4°~0.5°之间的最多，占比 18.3%。图 3-12(c)为铜型织构取向晶粒在不同变形量下的局部取向差分布。拉伸前，局部取向差小于 0.5°的占比为 93.8%，其中，局部取向差位于 0.2°~0.3°之间的最多，占比 43.2%。随着变形量的增大，局部取向差变大，当变形量为 10%时，局部取向差小于 0.5°的占比减少至 28.4%。其中，局部取向差位于 0.5°~0.6°之间的最多，占比 16.1%。由此可知，变形量增大，局部取向差增大，这主要是变形量增大后位错和亚晶结构不断增多造成的。铜型织构取向晶粒的变形程度要大于立方织构取向晶粒的变形程度。这一结果与小角晶界法衡量晶粒变形程度的结果是一致的。

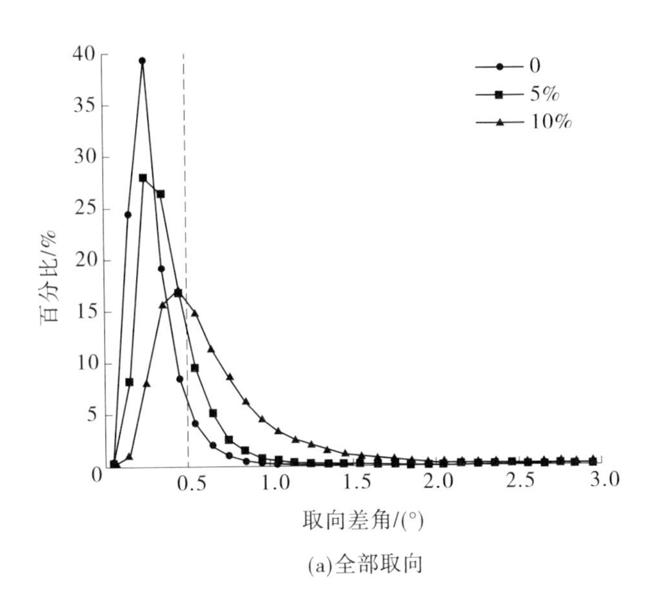

(a)全部取向

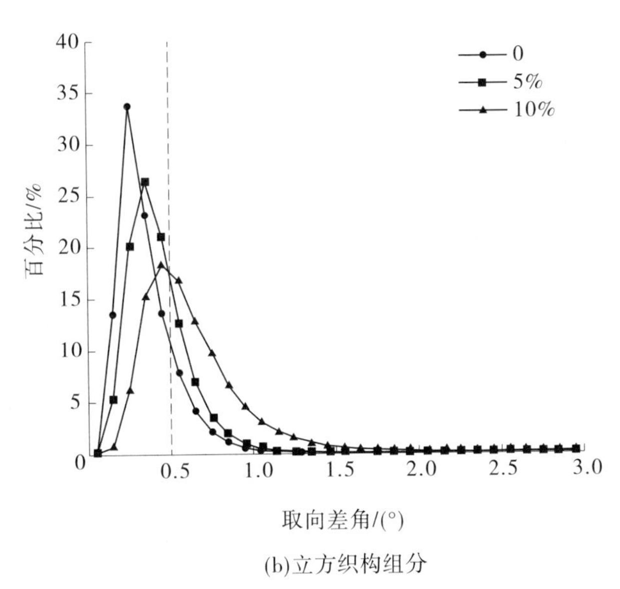

(b)立方织构组分

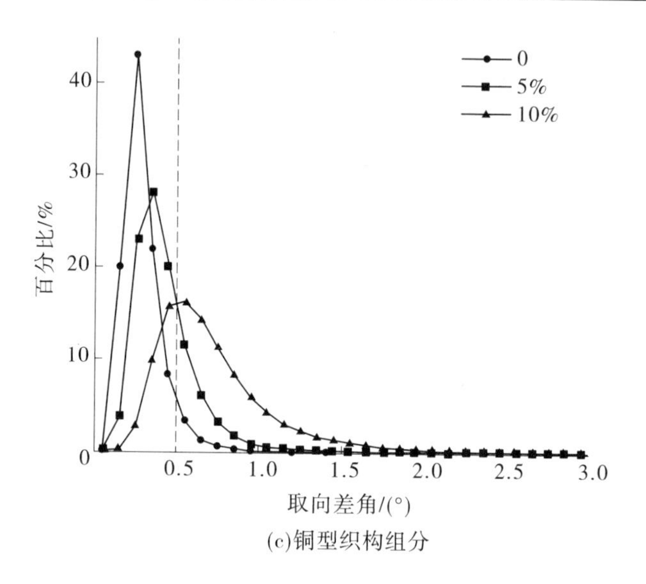

(c)铜型织构组分

图 3-12 不同变形量下的局部取向差角分布

3.3 分析与讨论

3.3.1 晶体转动行为

变形和断裂密不可分，变形是材料在应力作用下的第一反应，随着应力增大，材料中局部区域的变形超过一定限度，导致原子间的结合遭到破坏而发生断裂。变形机制直接决定着材料的断裂性能。在多晶体塑性变形过程中，由于周围晶粒或外部条件对晶粒本身的约束，晶粒在变形的过程中须进行必要的转动，这样才能保证晶粒间的连续性，否则，微裂纹将在晶界处萌生。

为研究不同取向晶粒在塑性变形过程中的转动行为，本书随机选取了 38 个晶粒作为研究对象，如图 3-13(a) 和(b) 所示，编号 1 ~ 38(表示为 G1 ~ G38)。同时，G1、G14、G20 和 G25 晶粒内各有一个尺寸较小的晶粒(分别命名为 G1T、G14T、G20T 和 G25T)。通过取向计算，可以得知，这 4 个小晶粒分别与基体晶粒存在特殊取向关系。其中，G1 和 G1T、G14 和 G14T、G25 和 G25T 的取向关系均为 60°<111>，也是孪生关系，晶界为 $\Sigma 3$ 晶界；G20 和 G20T 的取向关系为 44°<112>，为 $\Sigma 21$ 晶界。图 3-13(c) 为图 3-13(a) 中所有晶粒平行于拉伸轴方向的反极图，图 3-13(d) 中标明了选取的上述 42 个晶粒在反极图中的位置。

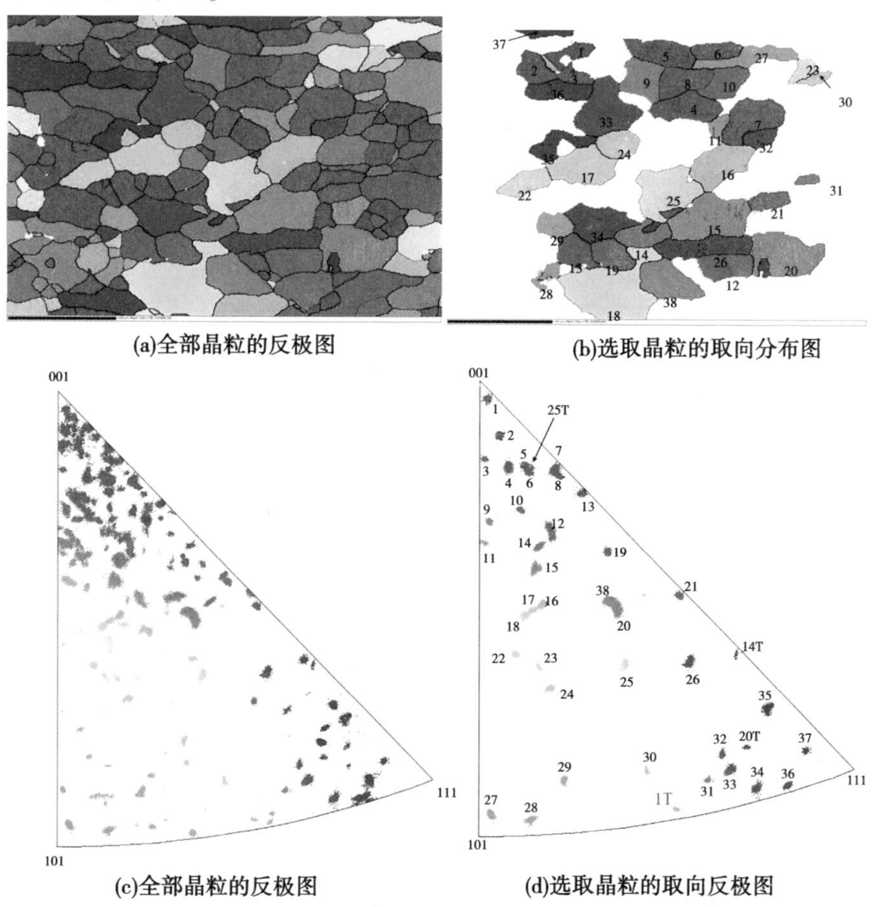

(a)全部晶粒的反极图　　(b)选取晶粒的取向分布图

(c)全部晶粒的反极图　　(d)选取晶粒的取向反极图

图 3-13　拉伸前的取向分布图和反极图

通过采集和提取同一晶粒在不同变形量下的晶体取向信息,对比该晶粒取向在反极图中的位置,就可以得到该晶粒的转动方向和大小。图 3-14 为上述 42 个晶粒在不同变形量下的取向位置分布。图中红色、橙色、黄色、绿色、青色和蓝色依次表示变形量在 0、2%、5%、8%、10%和 15%时的取向,插图为晶粒取向位置的局部放大图。由图可知,由于拉伸前晶粒内取向一致,所以其取向在反极图中的位置集中(图中红色点)。随着变形量增加,晶粒取向发生转动,其在反极图中位置发生移动。由于晶粒内不同区域的转动方向和角度不尽相同,所以晶粒内各点取向在反极图中一定范围内分散分布;且变形量越大,分散区域的面积越大。

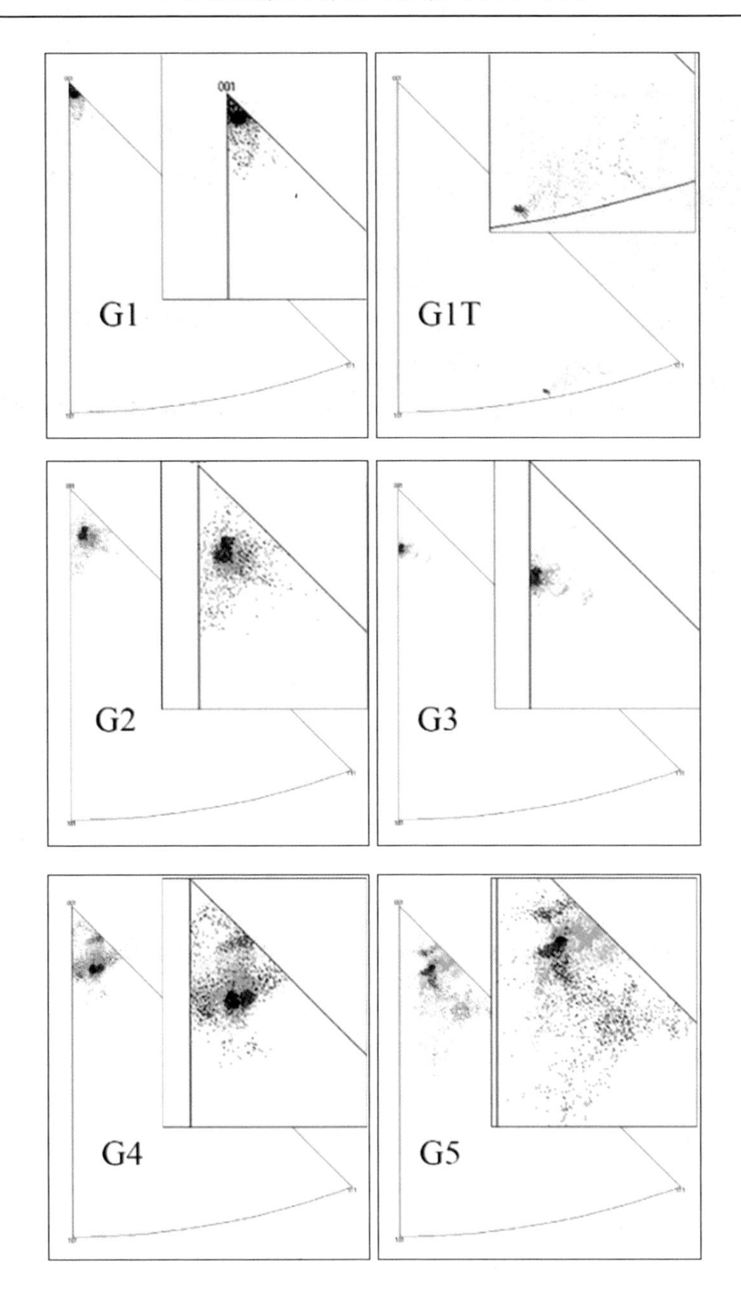
001
G1
G1T
G2
G3
G4
G5

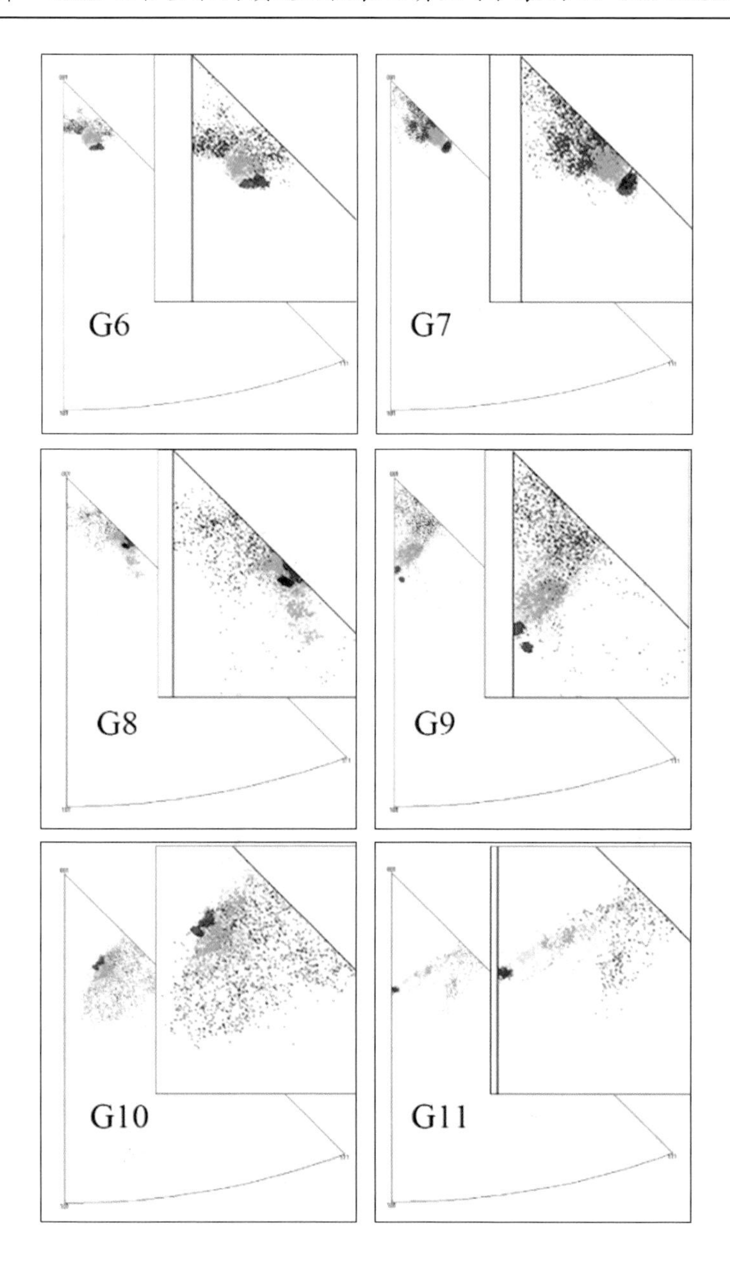
G6
G7
G8
G9
G10
G11

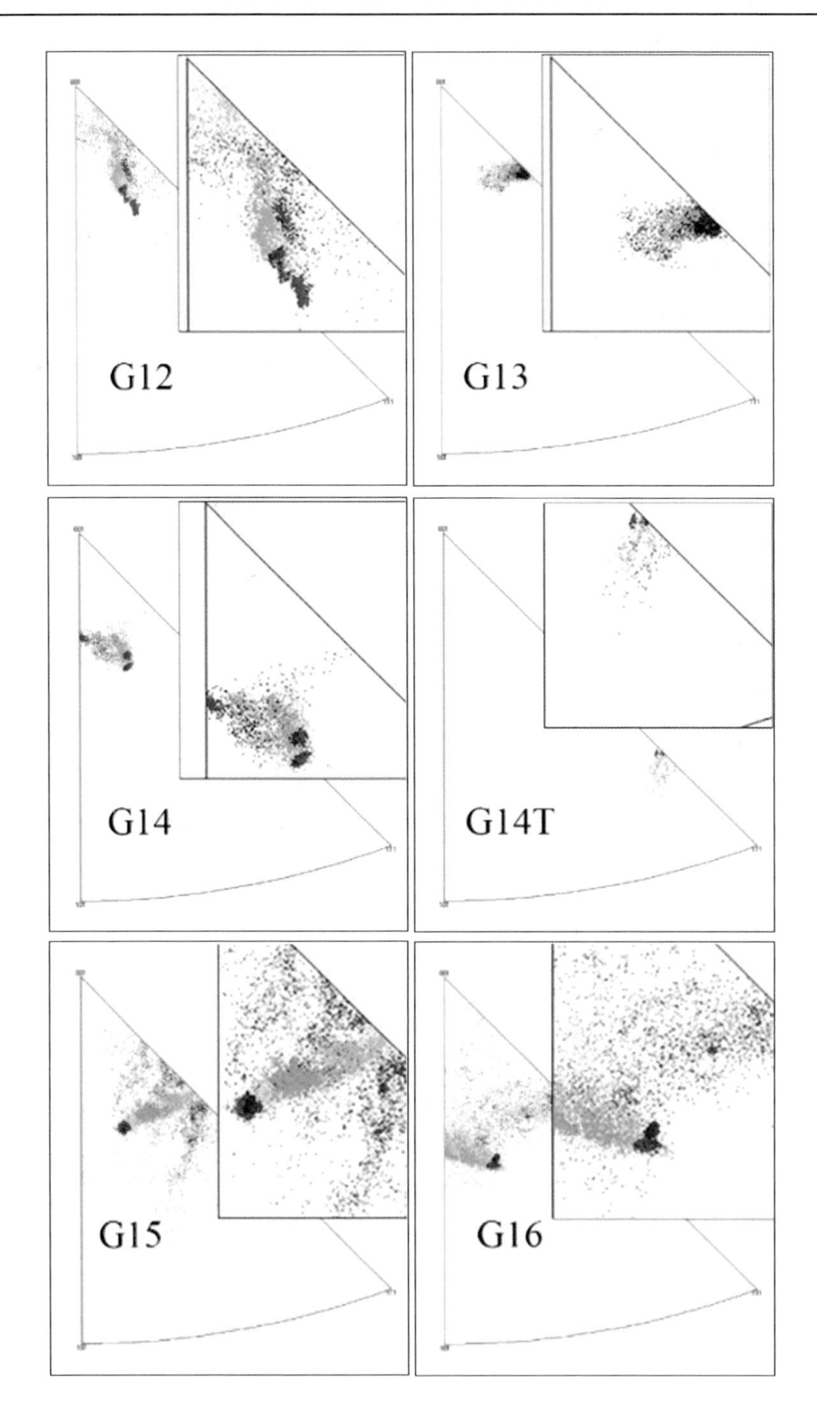
G12
G13
G14
G14T
G15
G16

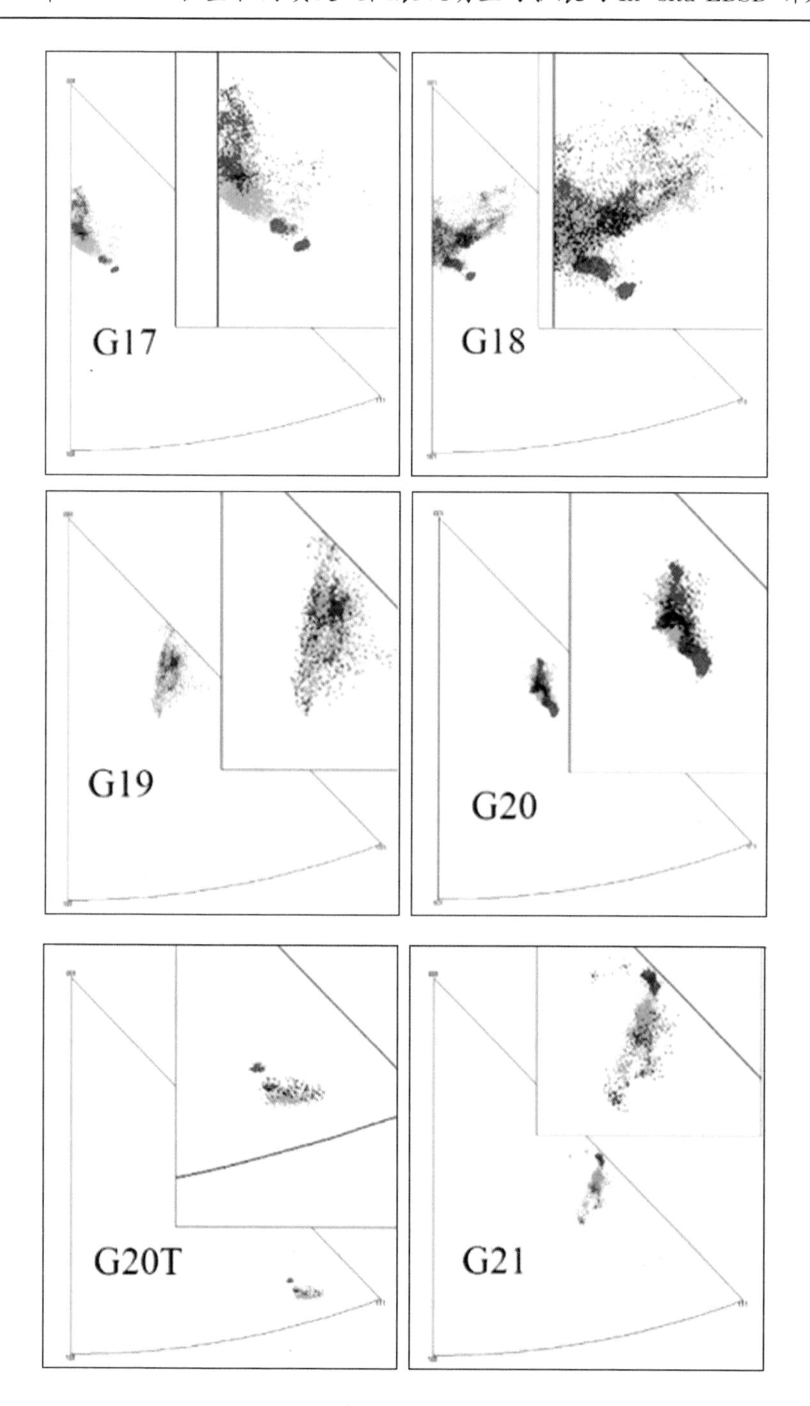
G17
G18
G19
G20
G20T
G21

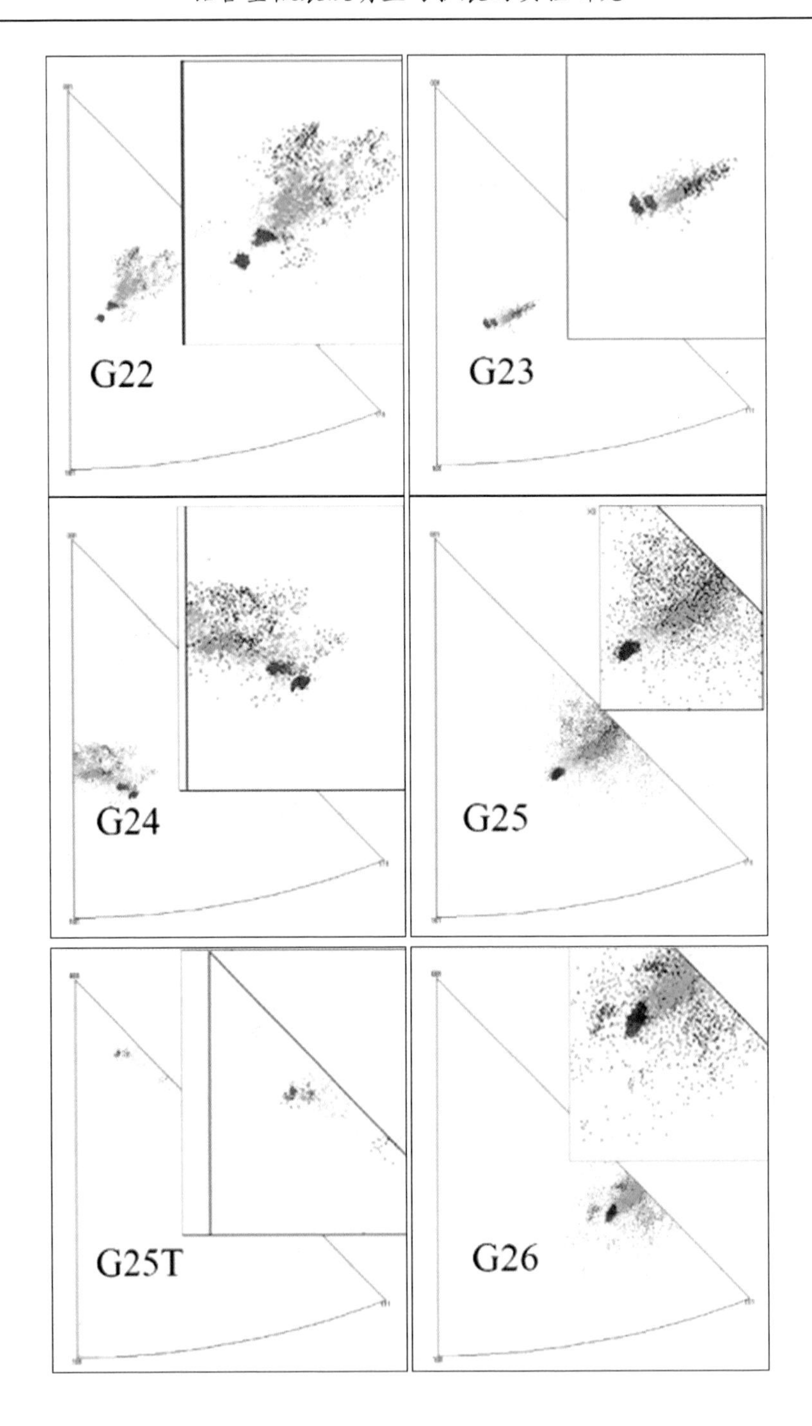
G22
G23
G24
G25
G25T
G26

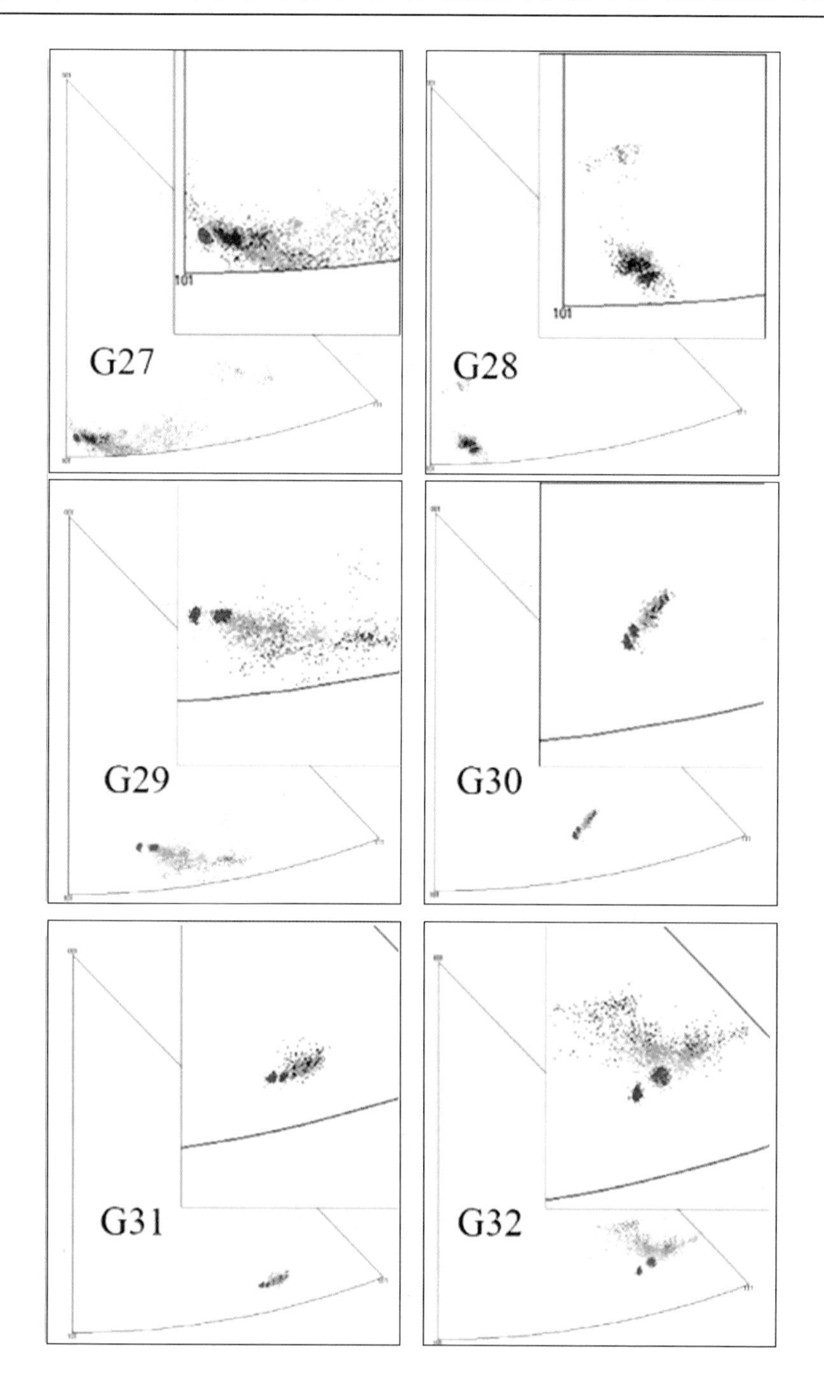

G27
101
G28
101
G29
G30
G31
G32

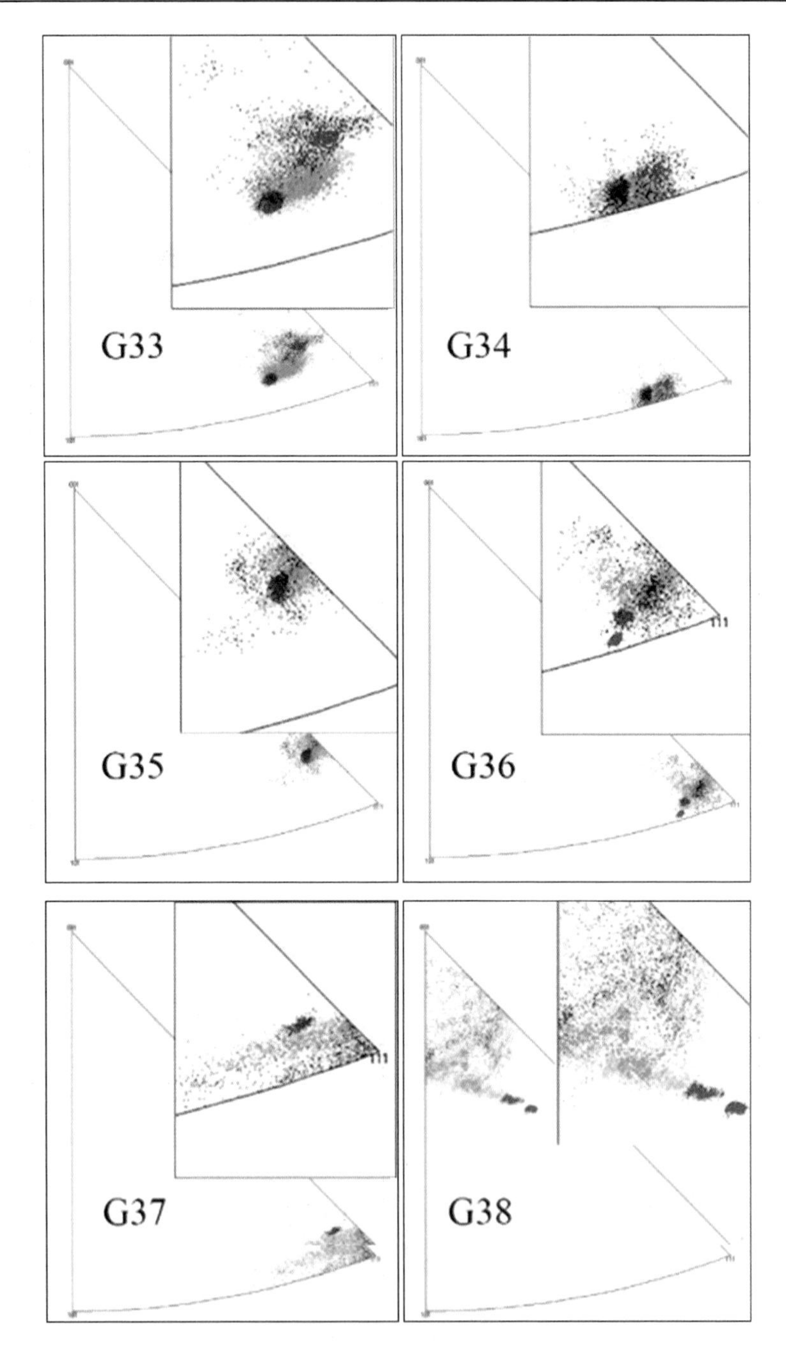

图 3-14　42 个选定晶粒的晶体转动方向

根据变形过程中晶粒转动方向演变规律可以将 42 个选定晶粒分为 5 类:

(1)向同一方向转动:G1T、G6、G7、G9、G12、G14、G14T、G17、G20T、G20~G25、G25T、G27、G29~G31、G33~G37。例如,G1T 的取向逐渐向<001>—<111>连线移动。

(2)没有明显转动:G1~G4、G13、G19、G28。

(3)向 2 个方向转动:G8。

(4)转动方向发生改变:G18、G38。例如,G18 的取向先向<001>移动,而后又向<001>—<111>连线移动。

(5)裂纹形成后转动方向改变:G5、G10、G11、G15、G16、G26、G32。例如,G5 在变形量为 10%之前,其取向向<001>—<111>连线移动,当裂纹形成后(变形量为 15%),一部分向<001>移动,另外一部分向<111>移动。

由于裂纹形核会发生应力释放,改变了局部晶粒的受力状态,致使该局部区域的晶体转动方向发生改变。为消除裂纹形核对晶体转动规律的影响,只考查变形量小于等于 10%的晶体转动行为(只考察图中除蓝色外其他 5 种颜色的演变),可以将 42 个选定晶粒分为 4 类:

(1)向同一方向转动:G1T、G5~G7、G9~G12、G14T、G14~G17、G20T、G20~G27、G25T、G29~G37。

(2)没有明显转动:G1~G4、G13、G19、G28。

(3)向 2 个方向转动:G8。

(4)转动方向发生改变:G18、G38。

由上可知,在变形过程中,大部分的晶粒取向转动方向为同一方向,有个别晶粒转动方向改变。多晶体在应力作用下滑移可以导致晶粒取向转动,所以晶粒的转动行为与激活滑移系的类型和多少密切相关。根据 Von-Mises 准则,由于晶粒(位于多晶体内部)受周围晶粒的约束,协调多晶体塑性变形要求至少启动 5 个独立滑移系。滑移系启动的数目越多,晶体转动行为越复杂。由于上述观察晶粒位于样品表面,其受制于相邻晶粒的约束必然少于样品内部的晶粒,较少的独立滑移系启动就有可能满足协调变形,这可能是上述晶粒取向转动方向单一的主要原因。同时,本书中的变形速率较低,这可能是另一个重要原因。此外,晶粒 G18 和 G38 位于最大应变区域的周围[见图 3-9(d)],说明该区域的应力比较集中,造成晶粒启动多重滑移系,这可能是其转动方向发生变化的原因。

晶体转动模型常被用于预测多晶体塑性变形过程中的取向变化。目前,被大量引证的晶体转动模型包括 Sachs 模型[47]、Taylor 模型[48]及反应应力模型[49]等。其中,早期提出的 Sachs 模型和 Taylor 模型是最为经典的 2 种晶体转动模型。

Sachs 模型不考虑晶粒间的相互作用和应变协调,把多晶体材料中的任何一个晶粒都当作单晶体处理,认为每个晶粒受到的应力相同,都等于多晶体所受到的外加应力。Sachs 模型中激活滑移系为具有最大 Schmid 因子的滑移系。Sachs 模型预测的晶粒转动规律为从反极图中其他取向向<001>—<111>连线方向动。

Taylor 模型考虑晶粒间的相互作用和应变协调,认为每个晶粒的应变相同且等于宏观变形,晶粒至少启动 5 个独立滑移系满足协调变形。Taylor 模型预测的晶粒转动规律为<011>和<111>附近的取向向<111>转动,而<001>附近的取向向<001>转动。

以上 2 种模型在预测板材变形织构、冲压变形中具有较好的效果,但二者均未能同时考虑应力和应变的协调性,而且模拟结果的单一性也与实际塑性变形结果的多样性不符[110]。Mao 等[49]在考虑晶粒间反应应力和晶体各向异性的基础上提出了反应应力模型,假定 3~4 个滑移系即可满足晶粒间的应变协调。该模型指出晶体转动不仅受初始取向的影响,还要受周围晶粒相互作用的影响,特别是反应应力和应力累积的影响。图 3-15 为以上 3 种理论模型预测的晶体转动规律。

为与上述 3 种理论模型对比分析,将前述 42 个选定晶粒的晶体取向转动行为画到同一张图中,如图 3-16 所示,圆点表示晶粒的初始取向,直线方向表示转动方向,直线长度表示转动角度大小。图 3-16 中标红的表示转动方向与理论模型预测一致。由图 3-16 可知,本实验结果与 Sachs 模型、Taylor 模型和反应应力模型预测一致的晶粒数分别为 16、17 和 21,占比分别为 38.1%、40.5%和 50%。与理论模型预测一致的晶粒取向比较分散,没有出现局部区域内的取向转动规律都符合任一种理论模型预测的情况。同时,<001>附近的取向转动最为复杂,至少存在 4 个晶粒的取向没有发生明显转动,与以上 3 种模型预测的都不一致。这一特点与 Winther[111,112]借助三维 X 射线衍射技术研究铝合金晶体转动行为的研究结果一致。

同时,根据晶粒的初始取向位置,可将反极图大致分成 4 个区域:

(1)分布在<011>附近的晶粒向<111>转动。

(2)分布在<111>附近的晶粒有 2 种转动趋势:向<111>转动;向<001>—<111>连线转动。

(3)分布在<001>附近的晶粒有 3 种转动趋势:向<001>转动;向<001>—

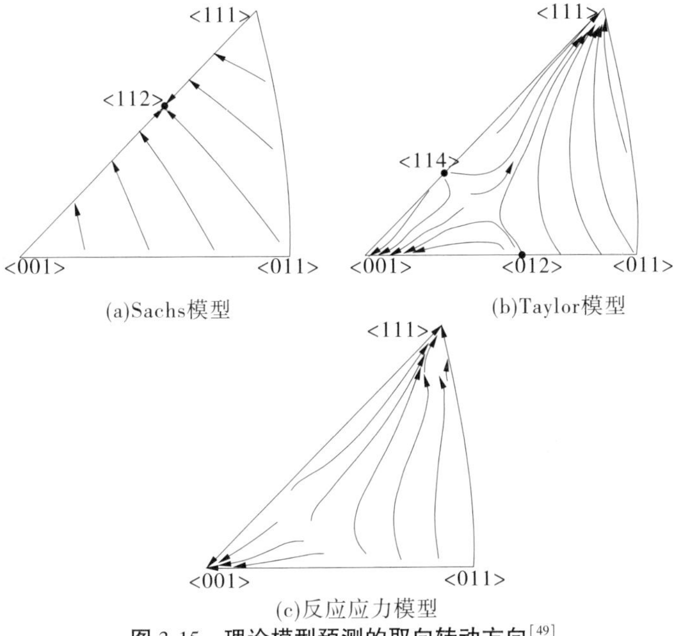

图 3-15　理论模型预测的取向转动方向[49]

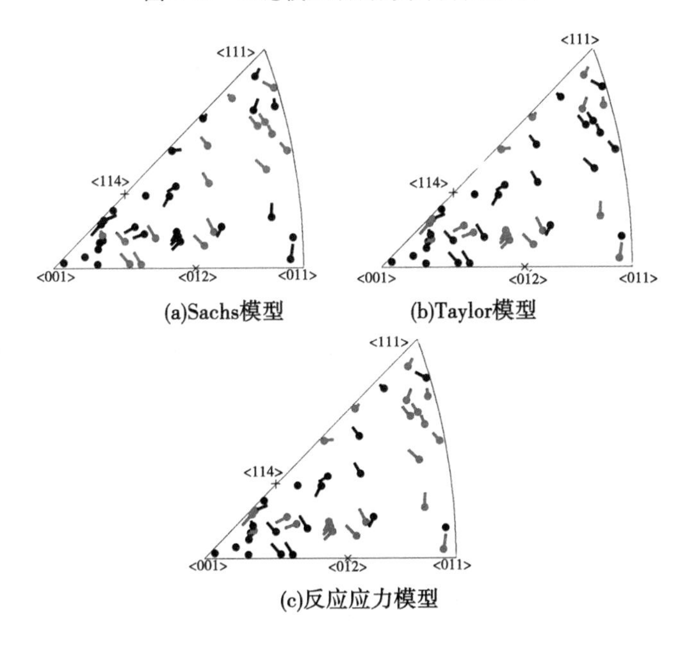

图 3-16　取向转动数据对比理论模型

<111>连线转动;取向没有明显变化。

(4)分布在反极图中央的晶粒向<001>—<111>连线转动。

本书中,实验数据均采集自样品表面,由于样品表面晶粒所受的约束条件少于内部晶粒所受的约束条件,所以其激活滑移系就必然少于 Taylor 模型要求的 5 个滑移系。在图 3-5 中,大部分晶粒的滑移迹线方向单一,也能说明激活滑移系数目较少。Chen 等在研究 Al-0.5Mg-0.76Si 合金薄片(厚度为 1 mm)在单轴拉伸时的晶体转动行为时发现,晶粒在变形过程中仅激活 1~2 个滑移系。这与本书的实验观察一致。所以,激活滑移系数目较少可能是本实验数据与 Taylor 模型预测结果不一致的主要原因。同时,图 3-5 也表明,晶粒间的应变程度不均匀,大部分晶粒发生了明显塑性变形的同时,仍存在一部分晶粒没有明显变形,甚至晶粒表面没有出现滑移迹线,说明晶粒间的应变不等,这可能是造成本实验数据与 Taylor 模型预测结果不一致的另一个重要原因。

Sachs 模型假定多晶体中的晶粒只激活最大 Schmid 因子的滑移系。滑移系数目较少,这与本研究的实验数据更加接近。但由于晶粒间的应变不等,必然导致局部区域产生应力集中,这可能是本实验数据与 Sachs 模型预测结果不一致的主要原因。而且,本章后面的研究结果表明,晶粒激活的滑移系并非都是具有最大 Schmid 因子,这可能是造成上述不一致的另一个重要原因。

与 Sachs 模型和 Taylor 模型相比,反应应力模型预测结果和本研究实验结果具有最高的一致性,但也仅为 50%。该模型兼顾应力和应变的协调性,同时考虑了晶粒间的相互作用(晶粒间的反应应力)。Winther[111]指出初始取向是影响取向转动行为的主要因素,但取向二次作用(晶粒间的相互作用)也是影响取向转动行为的重要原因。Joo 等[113]在研究多晶铜合金在拉伸变形时的晶粒转动行为时,发现相邻晶粒由于取向关系不同可能导致转动行为偏离理论模型预测。在本书研究中,1060 铝合金具有明显的织构,晶粒间的取向关系并非随机分布,造成晶粒间的相互作用与反应应力模型存在差异,这可能是除了上述晶粒约束条件影响外,造成本研究的实验结果和反应应力模型预测一致性不高的另一个重要原因。

3.3.2 拉伸变形过程中的 Schmid 因子演变规律

Schmid 因子可以用来预测晶体材料的变形难易程度。根据 EBSD 数据中每点的取向信息,通过计算可以得到每点的最大 Schmid 因子,用不同颜色表示 Schmid 因子的大小,得到图 3-17 中的 Schmid 因子分布图,图例位于右侧,从蓝色到红色表示 Schmid 因子从 0. 3 到 0. 5。图 3-17 中细黑线表示小角晶界,粗黑线表示大角晶界。由图 3-17 可知,变形量为 0 时,Schmid 因子接近 0. 5 的晶粒较多,Schmid 因子最大为 0. 5,最小为 0. 32。随着变形量加大,一部分晶粒 Schmid 因子逐渐减小;变形量达到 15%后,Schmid 因子最小为 0. 3。

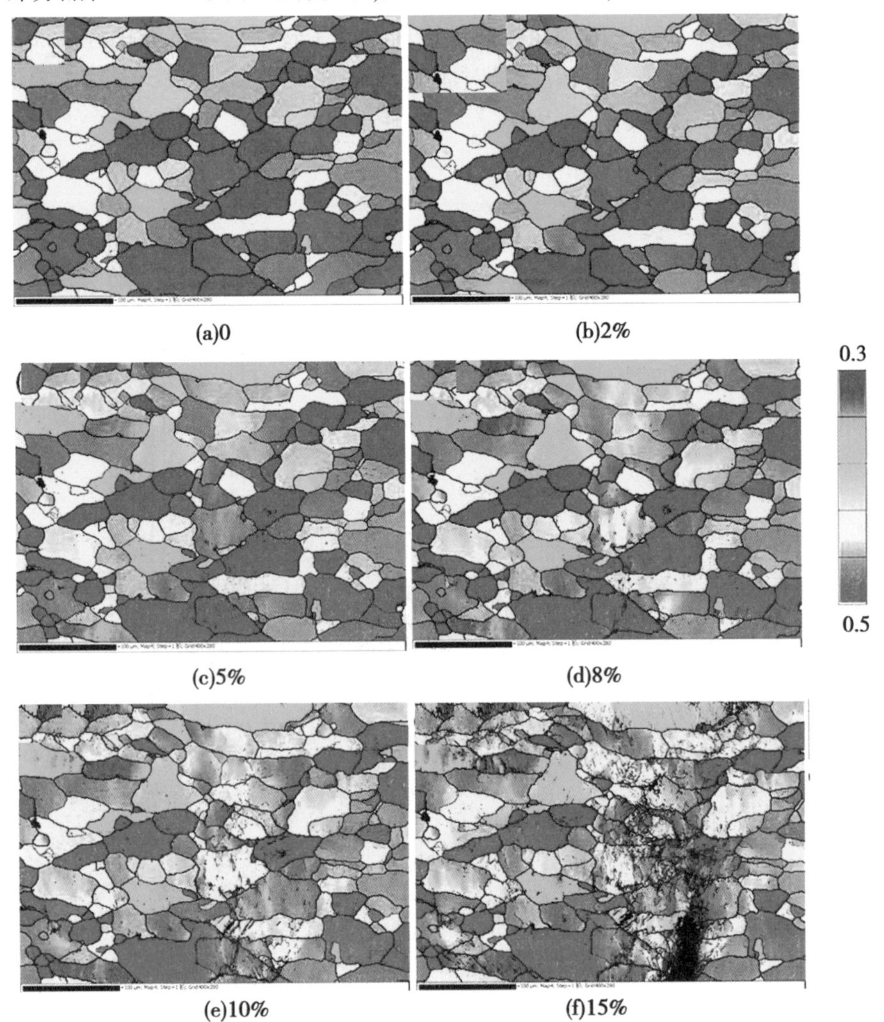

图 3-17 1060 铝合金拉伸的系列原位 EBSD Schmid 因子分布图

为定量描述变形过程中 Schmid 因子的演变，统计了变形量为 0 和 15%的 Schmid 因子分布，如图 3-18 所示。变形量为 0 时的 Schmid 因子分布范围为 0. 32~0. 50，其中，大于等于 0. 47 的占 46. 17%。经过 15%变形后，Schmid 因子分布范围为 0. 30~0. 50，其中大于等于 0. 47 的占 30. 64%，这说明在拉伸变形过程中，部分处于软取向的晶粒向硬取向发生了转动。在拉伸过程中加载力方向不变，晶粒取向发生转动，其对应的 Schmid 因子变大或减小，这主要取决于转动的方向和角度。

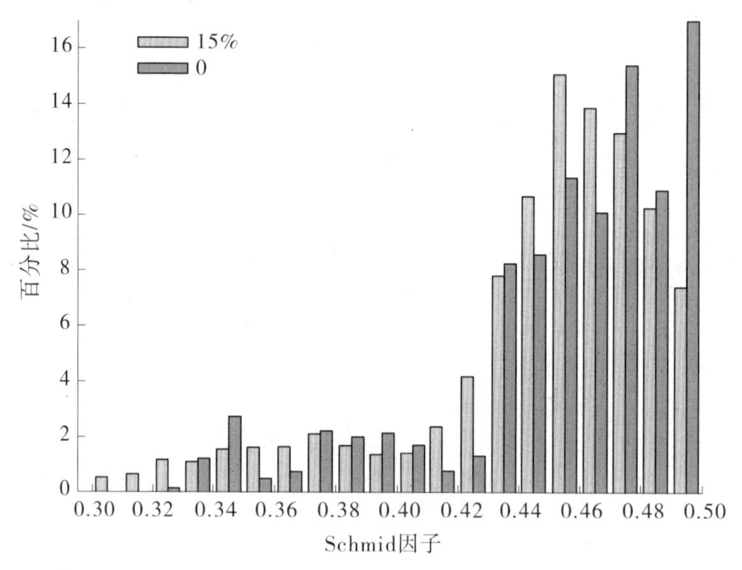

图 3-18　拉伸前和变形 15%后的 Schmid 因子分布图

根据 Schmid 定律，Schmid 因子 $m=\cos\lambda\cos\varphi$，λ 为滑移方向和拉伸方向之间的夹角，φ 为滑移面法线方向和拉伸方向之间的夹角。在拉伸变形过程中，由于晶体转动，滑移方向向拉伸方向转动，λ 减小，$\cos\lambda$ 增大；滑移面法线方向向偏离拉伸方向转动，φ 增大，$\cos\varphi$ 降低[114]。当 $\lambda<45°<\varphi$ 时，$\cos\varphi$ 降低的速度高于 $\cos\lambda$ 增大的速度，所以 Schmid 因子减小。而当 $\lambda>45°>\varphi$ 时，$\cos\varphi$ 降低的速度低于 $\cos\lambda$ 增大的速度，所以 Schmid 因子增大。表 3-1 为部分选定晶粒在拉伸前(变形量为 0)和变形量为 10%的 Schmid 因子、λ 和 φ。由表 3-1 可知，除 G8 外，其他晶粒的 Schmid 因子、λ 和 φ 变化趋势均与上述规律一致。而 G8 在拉伸过程中 λ 增大，φ 降低，这与上述规律不符。

表 3-1　部分选定晶粒的 Schmid 因子(m)、λ 和 φ

晶粒	0				10%			
	取向/(°)	m	λ/(°)	φ/(°)	取向/(°)	m	λ/(°)	φ/(°)
G8	(21.04 26.09 78.75)	0.46	38.13	54.65	(27.33 29.65 73.28)	0.47	39.26	52.20
G9	(26.43 31.70 66.20)	0.48	45.74	46.55	(17.19 32.88 78.58)	0.46	42.68	50.92
G12	(157.16 40.08 25.06)	0.48	40.09	51.04	(176.64 33.66 5.95)	0.43	43.23	53.90
G15	(91.32 5.26 16.94)	0.49	42.83	47.69	(69.65 10.01 35.80)	0.48	37.94	52.79
G16	(215.07 40.56 55.37)	0.50	43.40	46.64	(194.33 27.02 71.82)	0.45	40.08	54.37
G25	(57.04 16.91 62.30)	0.48	39.01	51.90	(67.96 26.21 48.01)	0.43	31.77	59.56
G26	(310.21 42.53 18.02)	0.44	37.40	56.00	(300.20 28.08 29.14)	0.41	30.58	61.56
G27	(187.70 8.50 35.07)	0.43	57.74	36.46	(226.58 8.58 87.55)	0.44	54.27	41.50
G28	(294.52 52.75 46.56)	0.44	55.48	39.72	(174.36 53.33 45.65)	0.44	54.74	39.86

为研究晶粒 G8 的 Schmid 因子、λ 和 φ 变化过程，对 G8 的取向变化和 Schmid 因子分布进行了详细分析。图 3-19 为晶粒 G8 和 G9 在不同变形量下平行于拉伸方向的取向图。图中黄线为小角晶界，黑线为大角晶界，G9 位于 G8 左侧，在 G8 的右侧为 G10。从图 3-19(a)可知，当变形量为 0 时，G8 和 G9 的晶界为大角晶界，G8 和 G10 的晶界为小角晶界。当变形量为 8%时，如图 3-19(b)所示，晶粒的取向发生变化，在晶界处出现小角晶界。G8 和 G9 的晶界变为小角晶界，G8 和 G10 的部分晶界消失。当变形量为 10%时，如图 3-19(c)所示，晶粒明显被拉长，小角晶界进一步增多，晶粒内部出现亚晶。当变形量 15%时，如图 3-19(d)所示，晶粒内出现大量小角晶界和亚晶区域。晶粒 G8、G9 和 G10 已无明显的晶界形貌，小角晶界主要集中在变形前的原始晶界处。特别是 G8 下方的晶界，出现大量未解析的点，说明该晶界处的变形较大。图 3-19(e)为变形量 10%的 SEM 图，图中 G8 和 G9 表面出现了滑移迹线，其中，G8 的滑移迹线有两个方向，与水平的拉伸方向夹角分别为 57.50° 和 131.60°；G9 的滑移迹线与水平拉伸方向夹角为 112.93°。图 3-19(f)为

图 3-19(a)中白色线从左到右的取向差变化,表明变形前 G8 和 G9 的晶界虽为大角度晶界,但其取向差仅为 10.5°。以上结果说明晶体转动不仅可以产生小角度晶界,也可以使部分晶界的取向差降低。

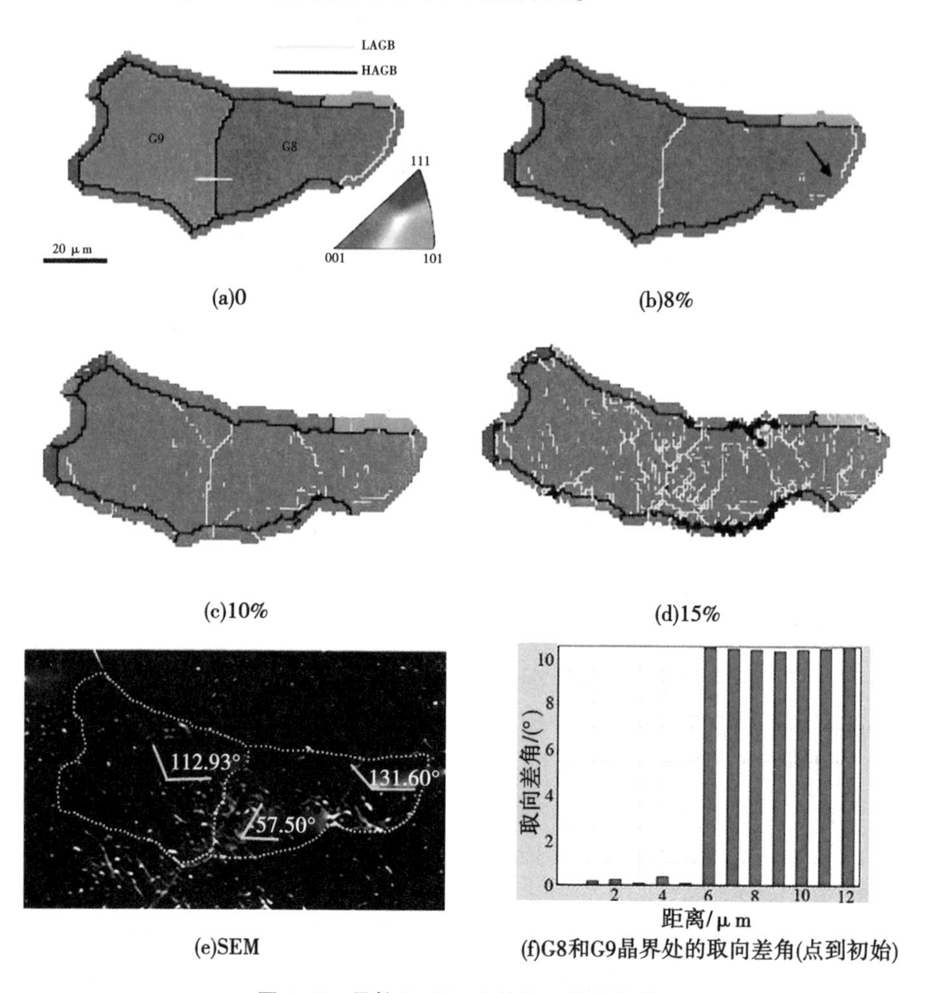

(a)0　(b)8%　(c)10%　(d)15%　(e)SEM　(f)G8和G9晶界处的取向差角(点到初始)

图 3-19　晶粒 G8 和 G9 的取向转动行为

图 3-20 为晶粒 G8 和 G9 在不同变形量下的 Schmid 因子分布图。由图 3-20 可知,变形量为 0 时,G8 和 G9 的 Schmid 因子分别为 0.46 和 0.48。随着变形量增大,同一晶粒内不同亚晶区域的 Schmid 因子出现差异。G9 晶粒内所有亚晶区域的 Schmid 因子均逐渐降低。G8 晶粒中大部分区域(晶内左侧)的 Schmid 因子几乎不变,而小部分(晶内右侧)区域 Schmid 因子增大。对比

表 3-1 给出的由晶粒取向计算最大 Schmid 因子的方法,用 Schmid 因子分布图也能显示晶粒间的 Schmid 因子差异,该方法最大的优点是可直观表现同一晶粒内亚晶间的差异。同一晶粒内产生不同取向的亚晶,这可能与启动的滑移系有直接关系。

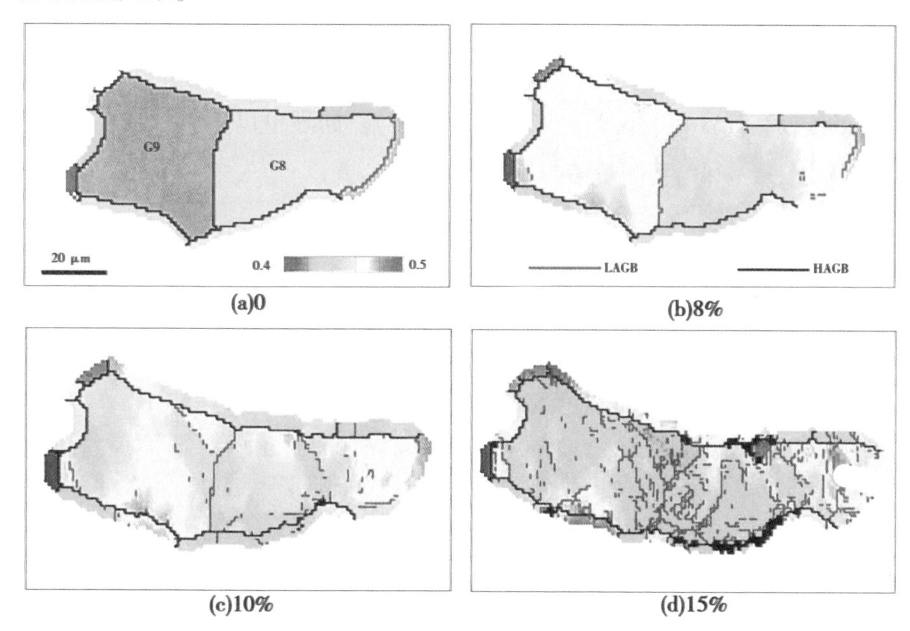

(a)0　(b)8%　(c)10%　(d)15%

图 3-20　晶粒 G8 和 G9 的 Schmid 因子图

由 G8 和 G9 的晶粒取向(见表 3-1)可以计算 12 个滑移系的 Schmid 因子。变形量为 0 时,G8 的取向为(21.04° 26.09° 78.75°),转变为密勒指数为(0.43 0.09 0.9)$[\overline{0.13}\ \overline{0.98}\ 0.16]$;G9 的取向为(26.43° 31.70° 66.20°),转变为密勒指数为(0.48 0.21 0.85)$[0.01\ \overline{0.97}\ 0.23]$。表 3-2 为 G8 和 G9 各自 12 个潜在滑移系及其对应的 Schmid 因子。表中迹线方向为滑移面和样品表面的交线,角度为该迹线和 LD 的夹角。通过实际测量样品表面迹线和 LD 之间的夹角,并对比表 3-2 中的角度值,可以确定已激活滑移系的滑移面指数。再根据滑移系的 Schmid 因子,进而确定滑移系的滑移方向指数。

由表 3-2 可知,G8 的最大 Schmid 因子为 0.46,对应滑移系为$(\bar{1}1\bar{1})$[110]。该滑移系在样品表面的迹线方向为$[\overline{0.98}\ \overline{0.47}\ 0.52]$,迹线方向与 LD 夹角为 56.22°(或余角 123.78°);G8 的第二大 Schmid 因子为 0.44,对应滑移系有两个,分别为(111)$[01\bar{1}]$和$(11\bar{1})$ $[\bar{1}10]$,迹线方向分别为$[\overline{0.81}$

0.47 0.35]和$[\overline{0.98}\ 1.33\ 0.35]$，夹角分别为107.07°（或余角72.93°）和131.25°（或余角48.75°）。对比图3-19(e)中G8的迹线方向与拉伸方向的夹角，可以判定，G8同时启动了2个滑移系，分别为$(\bar{1}\ 1\ \bar{1})[110]$和$(11\bar{1})[\bar{1}10]$，测量值与计算值相差分别为1.28°和0.35°。G9的最大Schmid因子为0.48，对应两个滑移系，$(\bar{1}\ 1\ \bar{1})[110]$和$(11\bar{1})[\bar{1}10]$，夹角分别为67.49°（或余角112.51°）和136.33°（或余角43.67°）。同理可以判定，G9启动的滑移系为$(\bar{1}\ 1\ \bar{1})[110]$，测量值与计算值相差0.42°。

表3-2　晶粒G8和G9的滑移系统和Schmid因子(m)

滑移系统	G8			G9		
	迹线方向	角度/(°)	m	迹线方向	角度/(°)	m
$(111)[01\bar{1}]$	$[\overline{0.81}\ 0.47\ 0.35]$	107.07	0.44	$[\overline{0.73}\ 0.31\ 0.42]$	112.96	0.36
$(111)[10\bar{1}]$	$[\overline{0.81}\ 0.47\ 0.35]$	107.07	0.11	$[\overline{0.73}\ 0.31\ 0.42]$	112.96	0.06
$(111)[\bar{1}10]$	$[\overline{0.81}\ 0.47\ 0.35]$	107.07	0.33	$[\overline{0.73}\ 0.31\ 0.42]$	112.96	0.29
$(\bar{1}11)[110]$	$[\overline{0.81}\ \overline{1.33}\ 0.52]$	24.71	0.31	$[\overline{0.73}\ \overline{1.37}\ 0.64]$	27.50	0.29
$(\bar{1}11)[\bar{1}0\bar{1}]$	$[\overline{0.81}\ \overline{1.33}\ 0.52]$	24.71	0.01	$[\overline{0.73}\ \overline{1.37}\ 0.64]$	27.50	0.08
$(\bar{1}11)[01\bar{1}]$	$[\overline{0.81}\ \overline{1.33}\ 0.52]$	24.71	0.32	$[\overline{0.73}\ \overline{1.37}\ 0.64]$	27.50	0.37
$(\bar{1}1\bar{1})[011]$	$[\overline{0.98}\ \overline{0.47}\ 0.52]$	56.22	0.34	$[\overline{0.95}\ \overline{0.31}\ 0.64]$	67.49	0.37
$(\bar{1}1\bar{1})[110]$	$[\overline{0.98}\ \overline{0.47}\ 0.52]$	56.22	0.46	$[\overline{0.95}\ \overline{0.31}\ 0.64]$	67.49	0.48
$(\bar{1}1\bar{1})[10\bar{1}]$	$[\overline{0.98}\ \overline{0.47}\ 0.52]$	56.22	0.12	$[\overline{0.95}\ \overline{0.31}\ 0.64]$	67.49	0.11
$(11\bar{1})[\bar{1}10]$	$[\overline{0.98}\ 1.33\ 0.35]$	131.25	0.44	$[\overline{0.95}\ 1.37\ 0.42]$	136.33	0.48
$(11\bar{1})[011]$	$[\overline{0.98}\ 1.33\ 0.35]$	131.25	0.43	$[\overline{0.95}\ 1.37\ 0.42]$	136.33	0.36
$(11\bar{1})[\bar{1}0\bar{1}]$	$[\overline{0.98}\ 1.33\ 0.35]$	131.25	0.01	$[\overline{0.95}\ 1.37\ 0.42]$	136.33	0.12

表3-3为晶粒G8激活滑移系在变形量为0和10%时的Schmid因子、λ和φ。对比表3-1可知，表3-1中统计的是晶粒最大Schmid因子及其λ和φ。由于晶体转动，当激活滑移系不是具有最大Schmid因子的滑移系时，滑移后的Schmid因子值、λ和φ的角度变化不能由前面提到的变化规律预测。如G8在变形量为0时，最大Schmid因子对应的是$(\bar{1}1\bar{1})[110]$滑移系，其$\lambda<45°<\varphi$。按照前面预测规律，变形量为10%时，其λ将减小，φ将增加，Schmid因子降低。而实际数据显示，变形量为10%时，最大Schmid因子增大，其λ增加，φ将降低，说明EBSD给出该晶粒的Schmid因子数据与上述预

测不符。这是因为 G8 同时激活了最大和第二大 Schmid 因子的滑移系。第二大 Schmid 因子对应的滑移系为$(11\bar{1})$ $[\bar{1}10]$,其 Schmid 因子、λ 和 φ 变化可以用上述规律预测,$\lambda>45°>\varphi$,λ 减小,φ 增加,因此 Schmid 因子从 0.44 增大到 0.45。

表 3-3　晶粒 G8 激活滑移系的 Schmid 因子(m)、λ 和 φ

晶粒	变形量	取向/(°)	滑移系					
			$(\bar{1}\bar{1}1)[110]$			$(11\bar{1})[\bar{1}10]$		
			λ/(°)	φ/(°)	m	λ/(°)	φ/(°)	m
G8	0	(21.04 26.09 78.75)	38.13	54.65	0.46	53.35	42.82	0.44
	10%	(27.33 29.65 73.28)	39.26	52.20	0.47	53.75	40.33	0.45

由此可知,EBSD 给出的 λ 和 φ 均是变形前后具有最大 Schmid 因子对应滑移系的数据,而且实际激活的滑移系并非只是最大 Schmid 因子对应的滑移系,所以变形前后的最大 Schmid 因子及其对应 λ 和 φ 变化规律要根据具体激活的滑移系具体分析。

上述分析表明,G8 晶粒激活了 2 个滑移系,这可能就是其取向同时向 2 个方向发生转动的原因。G9 晶粒只激活了一个具有最大 Schmid 因子的滑移系,所以其取向向一个方向转动,且符合 Sachs 模型预测,向<001>—<111>连线方向转动。同时,进一步说明了样品表面晶粒激活的滑移系数目少于 Taylor 理论要求的滑移系数目。

3.3.3　滑移系和断裂面的迹线分析

为研究裂纹尖端附近区域的塑性变形行为,对开裂区域的形貌进行了放大,如图 3-21 所示。图中黄色虚线为晶界轮廓。变形量为 0 时,样品表面平整,晶粒之间难以区分,可观察到 G16 中有较大的杂质颗粒物。变形量为 8% 时,滑移迹线明显,各个晶粒中的滑移迹线方向均为一个方向。变形量为 10%时, G39 和 G15 中开始出现 2 个方向的滑移迹线[如图 3-21(c)中白色箭头所示],其中 G15 中主要的滑移迹线与拉伸方向夹角为 66.1°。G26 和 G12 中部分区域出现塌陷。G16 中杂质颗粒明显阻碍了滑移运动。变形量为 15% 时,裂纹从 G12 中先前塌陷的地方穿过,裂纹扩展路径平行于 G12 和 G26 滑移迹线方向,说明裂纹断裂面可能为滑移面。G15 中,与拉伸方向夹角为 66.1°的滑移迹线没有明显变化,出现了大量的另一个方向的滑移迹线。以上实验结果说明,在塑性变形初期,样品表面的晶粒可能只启动了 1 个滑移系,随着变形量增大,晶粒间应变协调困难,需要激活更多的滑移系参与;裂纹尖端的应力场可以诱发更多滑移系启动,改变了晶体原有转动方向,这与图 3-14 中开裂致使晶体转动方向改变的结果一致。

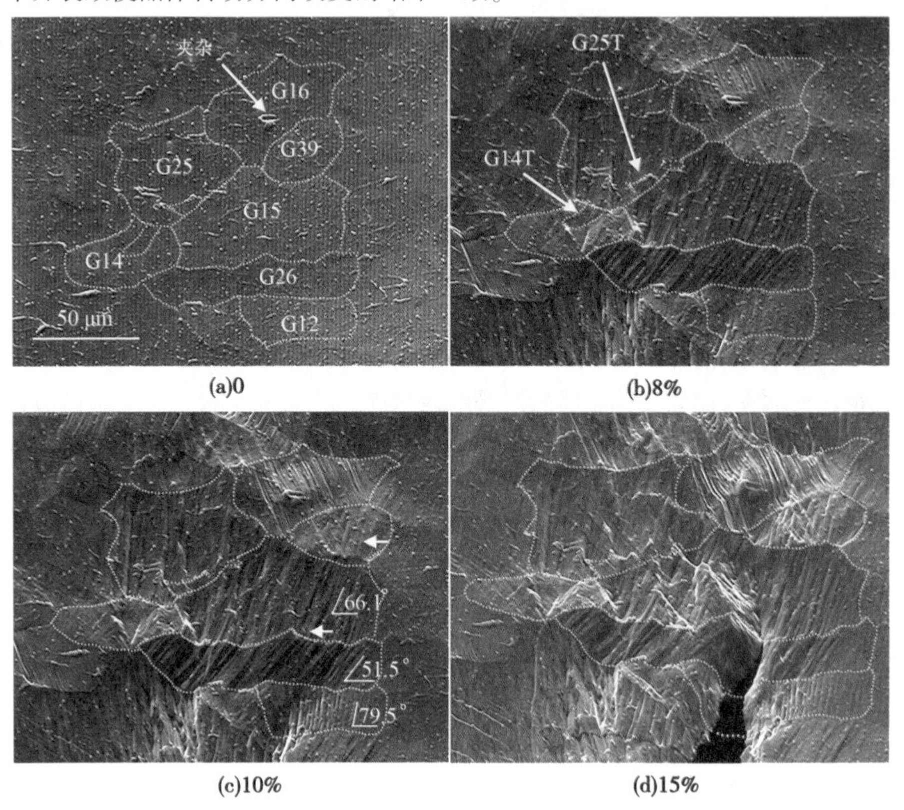

(a)0　(b)8%　(c)10%　(d)15%

图 3-21　开裂区域的原位扫描图

图 3-22 为同一区域在不同变形量下的取向图、局部取向差图和 Schmid 因子图,其中,取向图表示方向平行于 TD;局部取向差图中从蓝色到红色代表局部取向差角从 0°到 5°,局部取向差角越大,晶格畸变越大;Schmid 因子图从蓝色到红色代表 0. 3 到 0. 5。由图 3-22 可知,变形量为 0 时,晶粒内取向一致,杂质颗粒处为未解析的黑点。变形量为 8%时,晶内取向发生变化,小角晶界主要在大角晶界处附近分布,晶粒内形成亚晶。杂质颗粒处的未解析区域变大,其周围聚集着小角晶界。变形量为 10%时,晶内亚晶间的取向差变大,小角晶界进一步增多,除了主要分布在晶界和杂质颗粒附近,晶内也大量

出现。G26 内出现平行于滑移迹线方向的未解析带，这是由于滑移的程度较高，较大的塑性应变导致该区域的 EBSD 花样不能被解析。变形量为 15%时，裂纹穿过 G12 和 G26，裂纹尖端抵达 G15 和 G26 的晶界处，裂纹尖端和裂纹两边的晶粒取向发生较大转动，G15、G16 和 G39 的晶界处出现了未解析区域，说明位错在晶界附近塞积，从而形成了较大的应力集中。

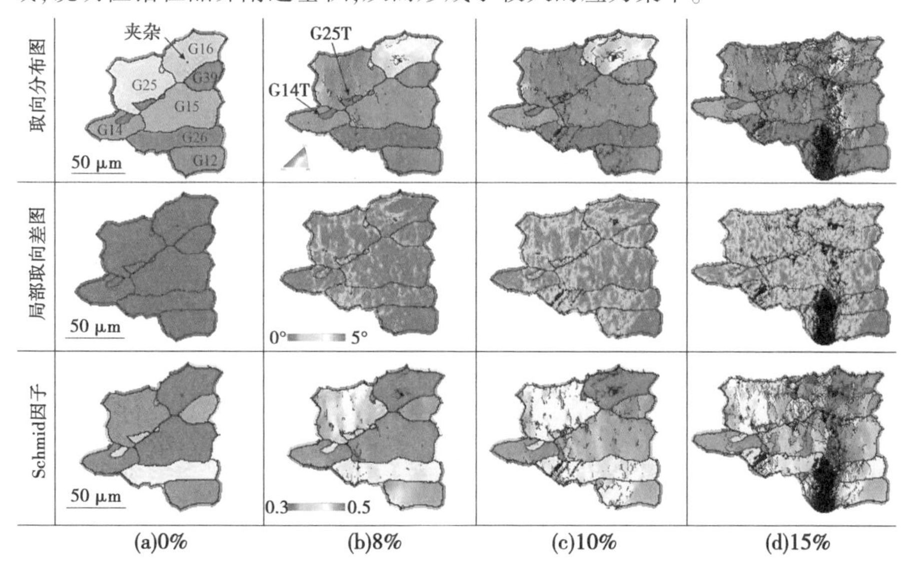

图 3-22　不同变形量下开裂区域的取向图、局部取向差图和 Schmid 因子分布图

在局部取向差图中，变形量越大，局部取向差越大。在同一变形量下，滑移迹线越明显，局部取向差角越大；晶界附近和杂质颗粒周围的局部取向差角大于晶内其他区域。另外，由取向关系得知，G14 和 G14T 之间存在 60°[111]关系，两者晶界为 Σ3 孪晶界；G25 和 G25T 之间存在 40.5°[112]关系，两者晶界为 Σ21 重合位置晶界。从变形量为 8%的局部取向差分布图中可以看出，G14 和 G14T 晶界处的塑性变形明显大于 G14 和周围晶粒的晶界处的变形，G25 和 G25T 的晶界同样如此，说明相比一般大角晶界，Σ3 孪晶界和 Σ21 重合位置晶界对滑移运动的阻碍作用更强。

另外，随着变形量增大，视野中所有的晶粒的 Schmid 因子全部减小，同一晶粒内由于亚晶的存在，其 Schmid 因子也呈现区域差异性。Schmid 因子大小排序为：G15> G12> G26（根据颜色可确定 Schmid 因子值）。由表 3-1 中 3 个晶粒的取向，计算了各自对应的 12 个滑移系的 Schmid 因子，结果如表 3-4 和表 3-5 所示。G15 的 Schmid 因子最大为 0.49，对应(111)[$01\bar{1}$]滑移系，该滑移系的迹线方向为[$\overline{0.91}$ 0.97 $\overline{0.06}$],与拉伸方向夹角为 118.71°(或余角 61.29°)。G26 的 Schmid 因子最大为 0.44,对应($\bar{1}11$)[110]滑移系,该滑移系的迹线方向为[$\overline{0.09}$ $\overline{0.95}$ 0.85],与拉伸方向夹角为 130.65°(或余角 49.35°)。G12 的 Schmid 因子最大为 0.48,对应($\bar{1}\bar{1}1$)[$\bar{1}10$]滑移系,该滑移系的迹线方向为[1.35 $\overline{1.04}$ 0.31],与拉伸方向夹角为 141.03°(或余角 38.97°)。计算出的最大 Schmid 因子值与图 3-22 中变形量为 0 时的 Schmid 因子值相符。

表 3-4　晶粒 G15 和 G26 的滑移系统和 Schmid 因子

滑移系统	G15			G26		
	迹线方向	角度/(°)	m	迹线方向	角度/(°)	m
$(111)[01\bar{1}]$	[$\overline{0.91}$ 0.97 $\overline{0.06}$]	118.71	0.49	[$\overline{0.09}$ 0.53 $\overline{0.43}$]	61.70	0.21
$(111)[10\bar{1}]$	[$\overline{0.91}$ 0.97 $\overline{0.06}$]	118.71	0.19	[$\overline{0.09}$ 0.53 $\overline{0.43}$]	61.70	0.32
$(111)[\bar{1}10]$	[0.91 0.97 $\overline{0.06}$]	118.71	0.30	[$\overline{0.09}$ 0.53 $\overline{0.43}$]	61.70	0.11
$(\bar{1}11)[110]$	[$\overline{0.91}$ $\overline{1.02}$ 0.11]	23.26	0.28	[$\overline{0.09}$ $\overline{0.95}$ 0.85]	130.65	0.44
$(\bar{1}11)[101]$	[$\overline{0.91}$ $\overline{1.02}$ 0.11]	23.26	0.05	[$\overline{0.09}$ $\overline{0.95}$ 0.85]	130.65	0.11
$(\bar{1}11)[01\bar{1}]$	[$\overline{0.91}$ $\overline{1.02}$ 0.11]	23.26	0.23	[$\overline{0.09}$ $\overline{0.95}$ 0.85]	130.65	0.34
$(\bar{1}1\bar{1})[011]$	[$\overline{1.08}$ $\overline{0.97}$ 0.11]	29.82	0.25	[$\overline{1.38}$ $\overline{0.53}$ 0.85]	177.86	0.00
$(\bar{1}1\bar{1})[110]$	[$\overline{1.08}$ $\overline{0.97}$ 0.11]	29.82	0.37	[$\overline{1.38}$ $\overline{0.53}$ 0.85]	177.86	0.03
$(\bar{1}1\bar{1})[10\bar{1}]$	[$\overline{1.08}$ $\overline{0.97}$ 0.11]	29.82	0.12	[$\overline{1.38}$ $\overline{0.53}$ 0.85]	177.86	0.03
$(\bar{1}11)[1\bar{1}0]$	[1.08 $\overline{1.02}$ 0.06]	64.82	0.35	[1.38 $\overline{0.95}$ 0.43]	71.59	0.30
$(\bar{1}11)[0\bar{1}\bar{1}]$	[1.08 $\overline{1.02}$ 0.06]	64.82	0.47	[1.38 $\overline{0.95}$ 0.43]	71.59	0.12
$(\bar{1}11)[\bar{1}0\bar{1}]$	[1.08 $\overline{1.02}$ 0.06]	64.82	0.12	[1.38 $\overline{0.95}$ 0.43]	71.59	0.18

表 3-5　G12 的滑移系统和 Schmid 因子

滑移系统	迹线方向	角度/(°)	m	滑移系统	迹线方向	角度/(°)	m
$(111)[01\bar{1}]$	$[\overline{0.19}\ 0.50\ \overline{0.31}]$	74.39	0.03	$(1\bar{1}1)[0\bar{1}\bar{1}]$	$[1.35\ 0.50\ \overline{0.85}]$	150.00	0.13
$(111)[10\bar{1}]$	$[\overline{0.19}\ 0.50\ \overline{0.31}]$	74.39	0.29	$(1\bar{1}1)[110]$	$[1.35\ 0.50\ \overline{0.85}]$	150.00	0.29
$(111)[1\bar{1}0]$	$[0.19\ 0.50\ \overline{0.31}]$	74.39	0.26	$(1\bar{1}1)[10\bar{1}]$	$[1.35\ 0.50\ \overline{0.85}]$	150.00	0.41
$(\bar{1}11)[\bar{1}\bar{1}0]$	$[\overline{0.19}\ \overline{1.04}\ 0.85]$	78.64	0.46	$(\bar{1}\bar{1}1)[\bar{1}10]$	$[1.35\ \overline{1.04}\ 0.31]$	141.03	0.48
$(\bar{1}11)[\bar{1}0\bar{1}]$	$[\overline{0.19}\ \overline{1.04}\ 0.85]$	78.64	0.39	$(\bar{1}\bar{1}1)[011]$	$[1.35\ \overline{1.04}\ 0.31]$	141.03	0.17
$(\bar{1}11)[01\bar{1}]$	$[\overline{0.19}\ \overline{1.04}\ 0.85]$	78.64	0.07	$(\bar{1}\bar{1}1)[\bar{1}0\bar{1}]$	$[1.35\ \overline{1.04}\ 0.31]$	141.03	0.32

通过测量图 3-21(c)中的滑移迹线可知,G15、G26 和 G12 中迹线方向和拉伸方向分别为 66.1°、51.5°和 79.5°。对比各自晶粒 12 个滑移系迹线的方向和 Schmid 因子大小,可以判定 G15 的激活滑移系为$(\bar{1}\bar{1}1)[0\bar{1}\bar{1}]$;其滑移迹线与拉伸方向夹角为 64.82°,与实际测量值误差为 1.28°。G26 的激活滑移为$(\bar{1}11)[110]$,其滑移迹线与拉伸方向夹角为 130.65°,与实际测量值的余角误差为 2.15°。G12 的激活滑移为$(\bar{1}11)[\bar{1}\bar{1}0]$,其滑移迹线与拉伸方向夹角为 78.64°,与测量值的误差为 0.86°。

由上可知,G15 和 G12 激活的滑移系不具有最大的 Schmid 因子,而 G26 激活的滑移系具有最大的 Schmid 因子。由图 3-14 中上述晶粒的转动方向可知,G15 和 G26 向<001>—<111>连线方向转动,G12 向<001>转动。说明仅激活最大 Schmid 因子的滑移系时,取向转动方向与 Sachs 模型预测结果一致,如 G26 和 G9。而激活多滑移或不是最大 Schmid 因子的滑移系时,不能用 Sachs 模型预测,如 G8、G15 和 G12。

图 3-23 为 G15、G12 和 G26 的极射投影图,红色曲线为滑移面(激活滑移系所在的滑移面)和球面的交线,红色直线就是滑移面和样品表面的交线,即观察到的迹线,该结果与图 3-21(c)中对应迹线方向一致,表明裂纹扩展面为滑移面{111}。

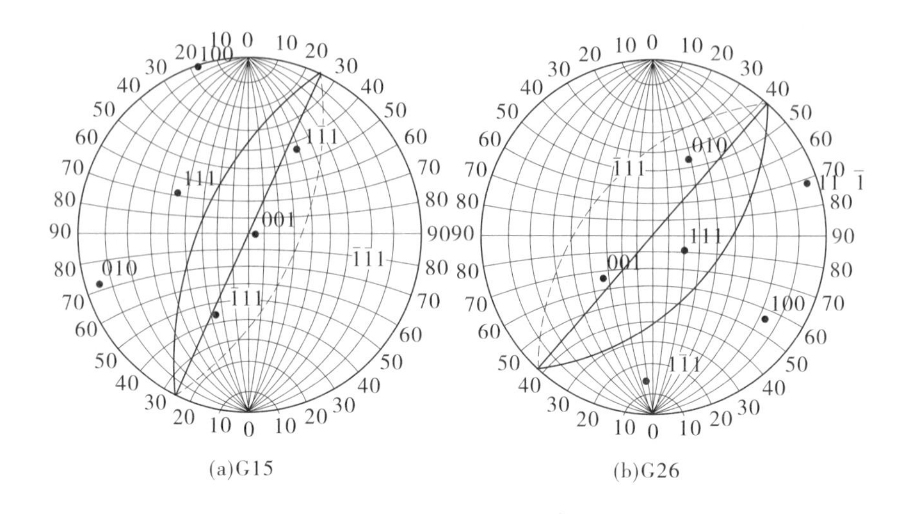

(a)G15　　(b)G26

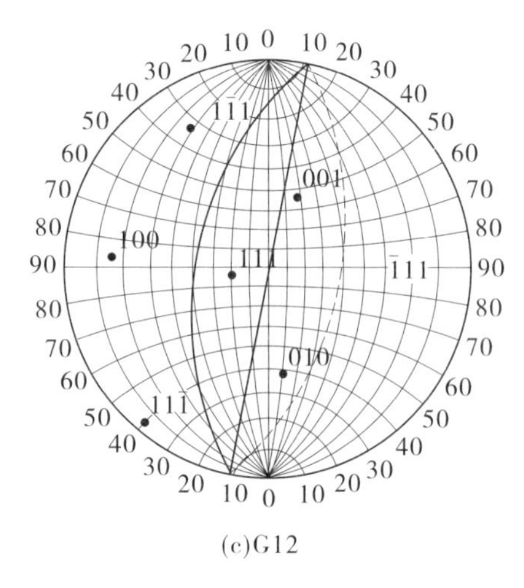

(c)G12

图 3-23　G15、G26 和 G12 的极射投影图

3.4　小结

本章主要利用 In-situ EBSD 研究了 1060 铝合金微裂纹萌生与扩展过程中的取向演变行为,研究结果表明:

(1) 1060 铝合金具有立方织构和铜型织构,平均晶粒尺寸为 24.6 μm。

(2) 在塑性变形过程中,铜型织构取向的晶粒比立方织构取向的晶粒变形程度更大。晶界和杂质颗粒处由于阻碍位错运动容易形成应力集中。与一般大角晶界相比，∑3 晶界和∑21 晶界对滑移的阻碍作用更强。

（3）样品表面变形晶粒激活的滑移系仅有 1～2 个，晶体转动行为与激活滑移系数目有关，当激活一个滑移系时，晶体转动方向不变。变形不均匀或裂纹尖端导致的应力集中可以诱发晶粒激活多滑移，从而使晶粒取向转动方向发生改变。晶粒的最大 Schmid 因子演变规律与具体激活滑移系有关。

（4）根据选取的 42 个晶粒在反极图中的初始取向位置，可将晶粒取向转动行为分为 4 个位置：①分布在<101>附近的晶粒向<111>转动；②分布在<111>附近的晶粒有 2 种转动趋势：向<111>转动，向<001>—<111>连线转动；③分布在<001>附近的晶粒有 3 种转动趋势：向<001>转动，向<001>—<111>连线转动，取向没有明显变化；④分布在反极图中央的晶粒向<001>—<111>连线转动。

（5）所选取 42 个晶粒的取向转动行为与 Sachs 模型、Taylor 模型和反应力模型预测的结果均存在较大偏差，一致率分别为 38.1%、40.5%和 50%。在<001>附近存在稳定取向，用以上 3 种理论模型均无法预测。初始取向是影响晶体取向转动行为的主要原因，当晶粒激活最大 Schmid 因子的滑移系时，转动方向符合 Sachs 模型预测。

（6）1060 铝合金的断裂方式为穿晶断裂，扩展方向沿着{111}滑移面。

第 4 章　1060 铝合金裂纹萌生与扩展的 In-situ TEM 研究

第 3 章利用 In-situ EBSD 技术研究了 1060 铝合金微裂纹萌生与扩展过程中的晶粒取向演变行为,其实验结果在微米尺度上给出了裂纹萌生与扩展过程的晶体学特征,结合塑性变形理论,阐述了晶粒取向与微裂纹萌生与扩展的内在联系,并借助应变等高线和滑移迹线分析方法确定了裂纹开裂处的应变情况和断裂面的晶体学指数。其数据涉及上百个晶粒,结果具有一定的统计性。然而,由于分辨率的限制,关于裂纹尖端位错组态以及裂纹和晶界交互作用等重要科学问题还未能详细说明。本章将利用 In-situ TEM 技术在纳米尺度下研究裂纹萌生与扩展行为,主要聚焦微裂纹萌生过程以及裂纹扩展和界面交互作用的动态过程,并借助 Ex-situ TEM 方法研究微裂纹尖端组织的结构特征。

4.1　位错滑移的 In-situ TEM 分析

图 4-1 为应力作用下晶界连续发射位错的系列 In-situ TEM 图,应力加载方向如图 4-1(a)中双箭头所示。图中右下角插图为衍射照片,经标定,衍射矢量 $\boldsymbol{g}$=[-1-1-1]。由图可知,晶粒中存在 3 个方向的滑移迹线,说明至少激活了 3 个滑移系。由于衍射消光,只有一个滑移系中的 2 组位错列可见。2 组位错列的位错源位于右上角的晶界处,在滑移过程中,左侧位错列先与右侧位错列启动。位错列中的位错间隔与位错到位错源的距离正相关,即距离位错源越远,位错分布间隔越大。根据应力加载方向和位错线的运动方向,可以判定位错列中的位错为刃型位错。随着滑移向前扩展,如图 4-1(b)所示,合金中的杂质颗粒阻碍了左侧位错列运动,位错在颗粒处塞积,造成左侧位错列运动速度减慢。而右侧位错列由于没有阻碍物阻挡,超越了左侧位错列,如图 4-1(c)所示。位错遇到阻碍物时,没有发生交滑移,进一步佐证了这些位

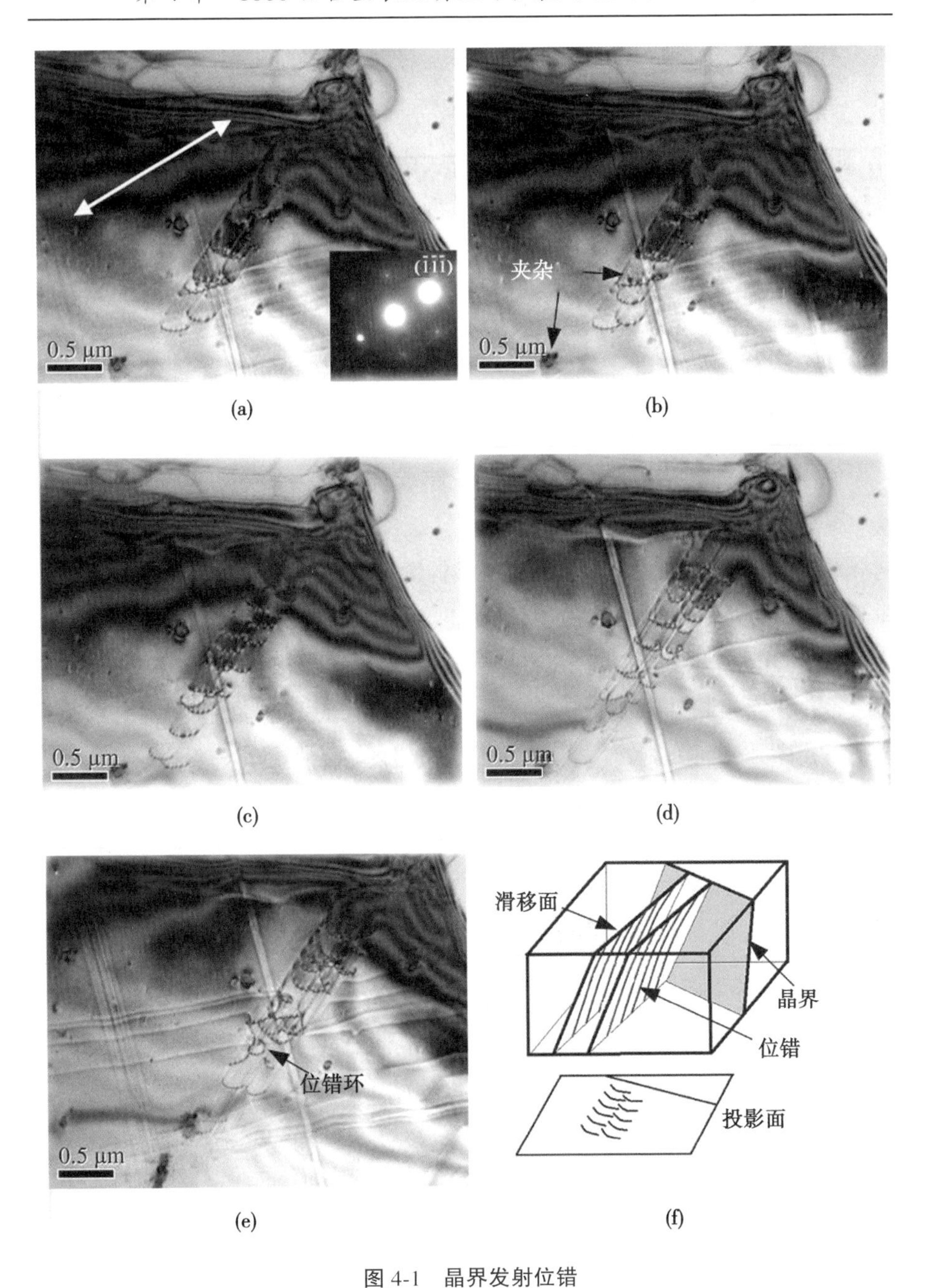

图 4-1　晶界发射位错

(a)～(e)从晶界处激活滑移系的 in-situ TEM 系列图;(f)滑移示意图

错为刃型位错。图 4-1(d)中右侧位错列中的领头位错已经运动到视野之外。图 4-1(e)为 2 个滑移系相交,位错互相缠结,通过位错反应形成了位错环(Dislocation loop)。图 4-1(f)为上述 2 组位错列滑移的空间示意图。由图 4-1(f)可知,两组位错列所在滑移面相互平行,向同一方向滑移,属同一滑移系。由于 TEM 图是空间三维结构的二维投影,所以观察到的 2 组位错列发生了部分重叠。

为定量描述运动位错的特征,对图 4-1(e)进行了迹线分析,如图 4-2 所示。3 条直线分别平行于图中出现的 3 个不同迹线方向,经测量相互夹角分别为 50.33°、83.42°和 46.25°。对图 4-2(a)中方框区域进行放大,如图 4-2(b)所示,图中央可见 2 条比较独立的位错线。由前面的分析可知,这两个位错为刃型位错。观察位错的形貌可以发现,位错线的中部向滑移方向突出。这与常规电镜实验中观察到的运动位错的形貌特征一样,主要是由于位错线两端在样品上下表面受到拖拽,其运动速度低于在样品内部的运动速度,所以位错线中间的一段朝运动方向凸起。如果假定刃型位错线两端在样品上下表面的运动速度相同,样品厚度均匀,则连接图中位错线两端的直线就相当于半原子面和样品表面的交线,该线应与刃型位错的伯氏矢量垂直。

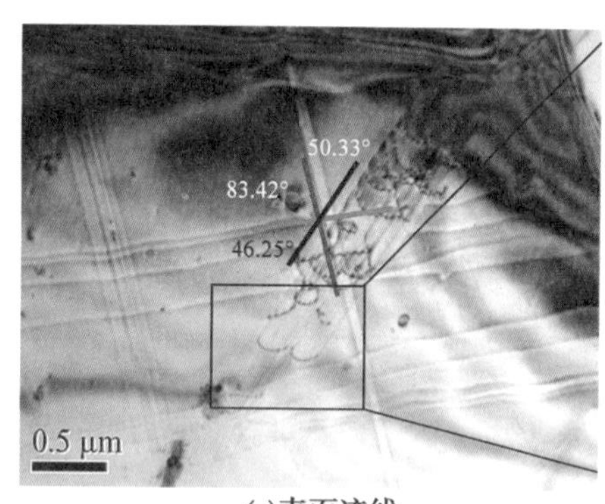

(a)表面迹线

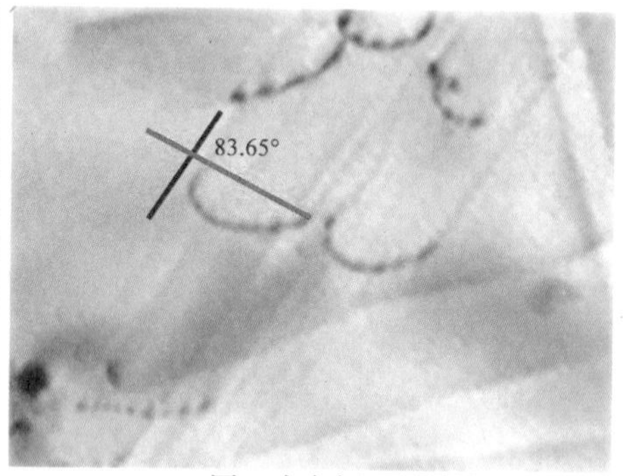

(b)图(a)中方框区域放大图

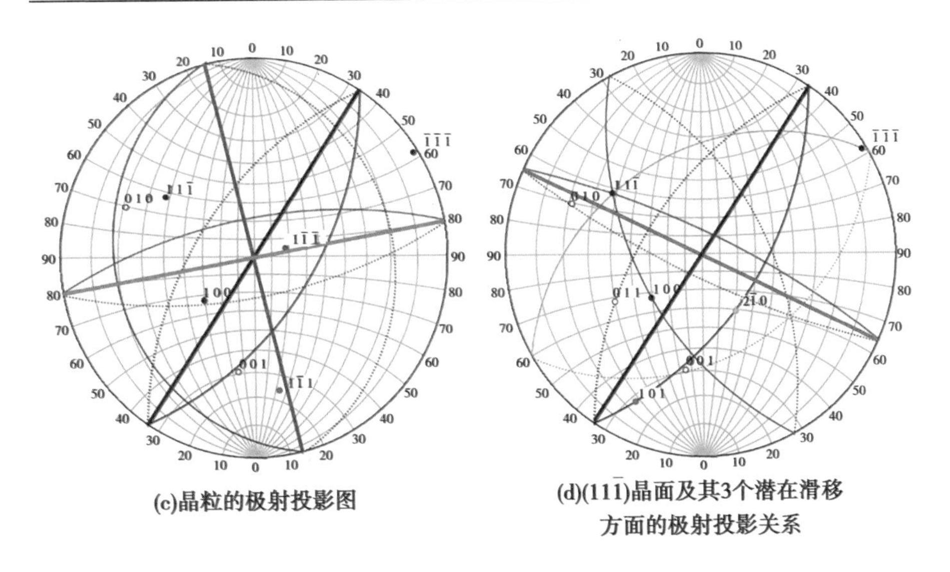

(c)晶粒的极射投影图　　(d)(11$\bar{1}$)晶面及其3个潜在滑移方面的极射投影关系

图 4-2　迹线分析图 4-1(e)中晶粒激活滑移系

根据图 4-1 中已滑移晶粒的 3 个迹线方向和衍射矢量,可以通过旋转 Al 单胞极射投影图确定迹线对应的滑移面指数、晶粒表面的晶面指数以及拉伸方向的晶向指数。图 4-2(c)为得到的该晶粒极射投影图,样品表面的晶面指数为($\overline{1.38}$ 0.60 0.86),拉伸方向的晶向指数为[$\overline{0.15}$ $\overline{0.15}$ $\overline{0.14}$]。图中黑线、深红线和浅红线分别对应(11$\bar{1}$)、(1$\bar{1}$ $\bar{1}$)和(1$\bar{1}$1)晶面和样品表面的交线,晶向指数分别为[$\overline{1.46}$ $\overline{0.52}$ $\overline{1.98}$]、[$\overline{0.26}$ 0.52 $\overline{0.78}$]、[1.46 2.24 0.78]。计算得知,以上 3 条交线的夹角分别为 47.47°、86.26°和 46.27°。该计算结果与上述实际测量结果误差分别为 2.86°、2.84°和 0.02°。考虑到人工误差,可以认为该极射投影图对应的晶体取向与实际晶粒的空间取向一致,与其相关的迹线、样品表面以及拉伸方向等晶体学指数的标定结果正确。

由上述分析可知,图 4-2(a)中位错所在的滑移面为(11$\bar{1}$),则其潜在的滑移方向只有 3 个:[101]、[1$\bar{1}$0]和[011]。由于铝合金层错能较高,其位错主要为全位错 a/2<110>,所以这些位错的伯氏矢量只能是 1/2[101]、1/2[1$\bar{1}$0]和 1/2[011]。(11$\bar{1}$)晶面及其 3 个潜在滑移方向的极射投影关系如图 4-2(d)所示。以(101)极点为例,从极射投影图中心到该极点的方向就是[101]滑移方向,图中红色椭圆就是(101)晶面和圆球的交线,连接大圆上两个交点的红色直线就是(101)晶面和样品表面的交线,该线的晶向指数为[0.60 2.24

$\overline{0.60}$]。经计算,该线与$(11\bar{1})$晶面的迹线的夹角为 81.86°,与图 4-2(b)中测量的角度相比,误差仅为 1.79°。同理可知,$(1\bar{1}0)$和(011)晶面迹线与$(11\bar{1})$晶面迹线的夹角与 83.65°相差较大。所以,图 4-2 中刃型位错的伯氏矢量为 1/2[101]。

图 4-3 为杂质颗粒钉扎位错的 TEM 图,图中箭头所指方向为位错列滑移方向,颗粒直径约为 900 nm。同一滑移面内的位错列在接近杂质颗粒时受到阻碍,位错在杂质颗粒处塞积。由于后方位错的作用力,前方位错不断接近杂质颗粒,然后位错线靠近杂质颗粒的一端被杂质颗粒钉扎,滑移速度明显小于远离杂质颗粒的另一端的滑移速度。随着位错继续塞积,先前被钉扎的位错沿原来的滑移面迅速向前运动,在位错列中留下一个近 200 nm 的贫位错区。由此可知,杂质颗粒与位错相互作用的距离大于杂质颗粒的直径,位于图 4-3 中虚线圆圈内区域的相互作用比较明显,其直径约为 1 700 nm,接近杂质颗粒直径的 2 倍。

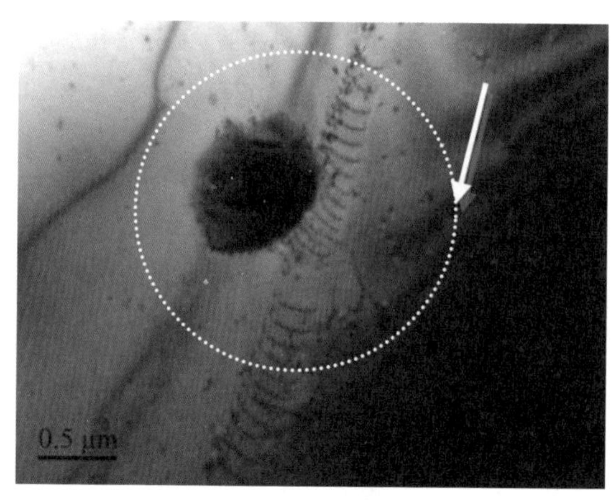

图 4-3　杂质颗粒钉扎位错的 TEM 图

图 4-4 为不同晶界与位错交互作用的 TEM 及其衍射图。其中,图 4-4(a)的衍射图为图 4-4(d),图中晶界左侧晶粒的观察方向为<011>带轴,右侧晶粒的观察方向为<114>带轴,根据位向关系进一步计算可知,该晶界为∑3 晶界。由图 4-4(a)可见,∑3 晶界对位错运动具有明显阻碍作用,在晶界附近形成了厚度约 283nm 的贫位错区。

同理,经对衍射图 4-4(e)和(f)分析,可知图 4-4(b)和(c)中的晶界分别为大角晶界(High angle grain boundary,HAGB)和小角晶界(Low angle grain boundary,LAGB)。大角晶界对位错也存在明显阻碍作用,其晶界处的贫位错区厚度约为 94 nm;而小角晶界对位错运动阻碍作用较弱,如图 4-4(c)中,位错列直接穿过小角晶界，在晶界处也未见明显应力衬度，说明晶界对运动位错阻碍能力由强到弱分别为Σ3晶界、大角晶界和小角晶界。这一结果与Sangid等[84]的计算结果一致。Sangid等认为，相比大角晶界，虽然Σ3晶界具有更低的界面能（约为大角晶界的一半），但位错穿过Σ3晶界时会在晶界上残留伯氏矢量较高的界面位错，使位错穿过Σ3晶界的能量势垒远大于穿过大角晶界的能量势垒。

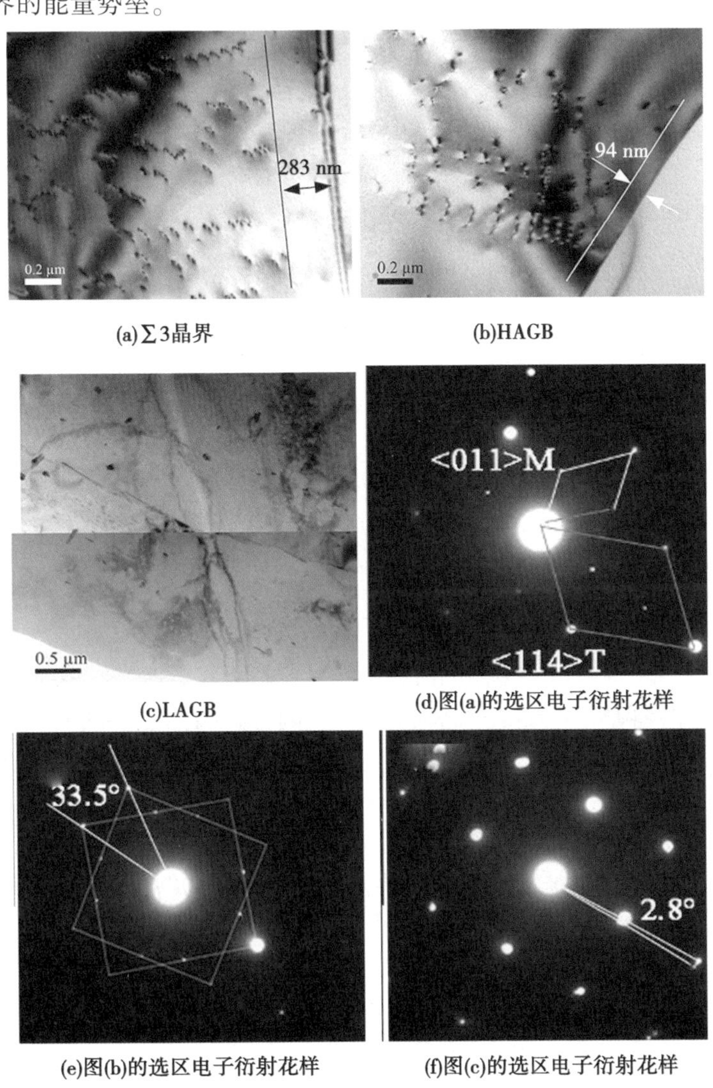

(a)Σ3晶界　(b)HAGB

(c)LAGB　(d)图(a)的选区电子衍射花样

(e)图(b)的选区电子衍射花样　(f)图(c)的选区电子衍射花样

图4-4　位错在晶界处塞积

4.2 微裂纹的萌生

4.2.1 微裂纹萌生过程的 In-situ TEM 分析

如图 4-5 所示,同一位置的系列 In-situ TEM 形貌图,展示了裂纹在晶界处的萌生过程,观察区域距离样品薄区边缘约 2.5 μm。图 4-5(a)为加载初期的形貌图,加载方向如图中双箭头所示,图中黄色虚线为晶界。由图 4-5 可知,晶粒发生滑移,晶界分别向两侧晶粒内部发射位错,位错间相互缠结,形成明显的应变衬度(图中黑色区域)。而且,晶粒内部发生薄化,出现薄化区。随着加载增大,晶界开始弯曲,向薄化程度较大的晶粒(晶界右侧晶粒)内凸起,薄化程度小的晶粒(晶界左侧晶粒)在凸起处对面形成应力集中。图 4-5(c)为继续加载后的形貌图,晶界更加弯曲。在晶界凸起处,两侧的晶粒相互脱粘,出现孔洞。进一步加载,该孔洞长大形成微裂纹并向两侧晶粒内扩展,如图 4-5(d)所示。值得注意的是,两侧裂纹扩展的形貌不同,向上的裂纹直而尖,向下扩展的裂纹弯折,呈 Z 字形,这一特征在后面将详细研究。

图 4-6 为样品薄区边缘萌生裂纹的系列 In-situ TEM 形貌图,图中双箭头所示为加载方向,箭头所指杂质颗粒为参照点。图 4-6(a)为加载初期的形貌图,图中有左右 2 个晶粒,分别命名为 B 和 A,晶粒中可见少量杂质颗粒。通过衍射分析确定,两者的晶界为普通大角晶界。开始加载后,如图 4-6(b)所示,晶粒 A 首先滑移,出现 2 个方向的滑移迹线,说明晶粒 A 中至少启动 2 个滑移系。其中,接近水平方向的滑移迹线对应的滑移方向是由右向左,该滑移在晶界稍作停顿后,直接穿过晶界,激活了晶粒 B 中的滑移系,滑移迹线方向沿顺时针方向偏转了 62°。在晶粒 B 一侧存在较大应力衬度,说明晶粒 A 中滑移的位错塞积在晶界处,引起了应力集中,促使晶粒 B 启动滑移系。但晶粒 B 启动滑移系后,仅仅释放掉了部分应力,在晶粒 B 一侧的晶格还存在较大畸变。接近垂直方向的滑移迹线在晶界处受阻,并没有穿过晶界,只在晶界处晶粒 A 的一侧形成了应力衬度。随着应力继续加载,如图 4-6(c)所示,晶粒 B 中的滑移逐渐增多,并在杂质颗粒处出现交滑移。随后,如图 4-6(d)所示,晶粒 B 中滑移盛行,晶粒 B 中由晶粒 A 滑移导致的应变衬度更加严重。应力继续加载后,在晶粒 A 中出现微裂纹,裂纹沿着已激活滑移系的方向扩展,在微裂纹尖端存在长轴约 500 nm 的椭圆形无位错区(Dislocation free zone, DFZ),且 DFZ 前端穿过了晶界,晶粒 B 一侧的应变衬度向其内部扩展,

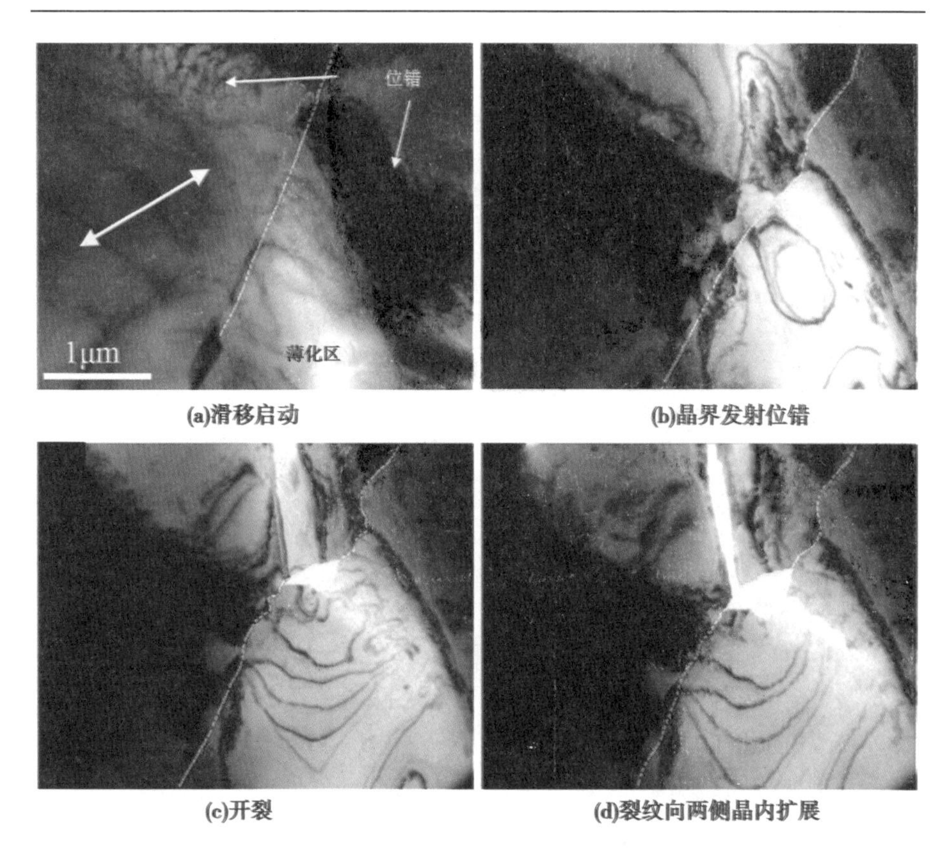

(a)滑移启动　(b)晶界发射位错

(c)开裂　(d)裂纹向两侧晶内扩展

图 4-5　裂纹在晶界萌生的过程

如图 4-6(e)所示。应力继续加载,微裂纹向晶界继续扩展,最后抵达晶界,如图 4-6(f)所示。

另外,值得注意的是,在微裂纹萌生前,晶粒 B 中的滑移迹线主要以垂直方向为主,存在少量交滑移,而在微裂纹萌生后,裂纹尖端附近出现大量以接近水平方向为主的滑移迹线,说明晶粒 B 在微裂纹萌生前后主要激活的滑移系发生了变化。为定性解释交滑移特征和激活滑移系转变,下面对晶粒 B 进行了滑移迹线分析,如图 4-7 所示。

图 4-7(a)为图 4-6(c)叠加表面滑移迹线的 TEM 图。图中 3 种不同方向的迹线分别用 3 种不同的颜色标记,拉伸方向如图中双箭头所示,迹线和拉伸方向之间的夹角可以测量确定。利用上述旋转单晶极射投影方法确定了晶粒 B 的空间取向,如图 4-7(b)所示,观察表面的晶面指数为$(\overline{1.57}\ 0.33\ 0.65)$,拉伸方向的晶向指数为$[\overline{0.10}\ \overline{0.15}\ \overline{0.17}]$,图中红色线、蓝色线和浅红色线

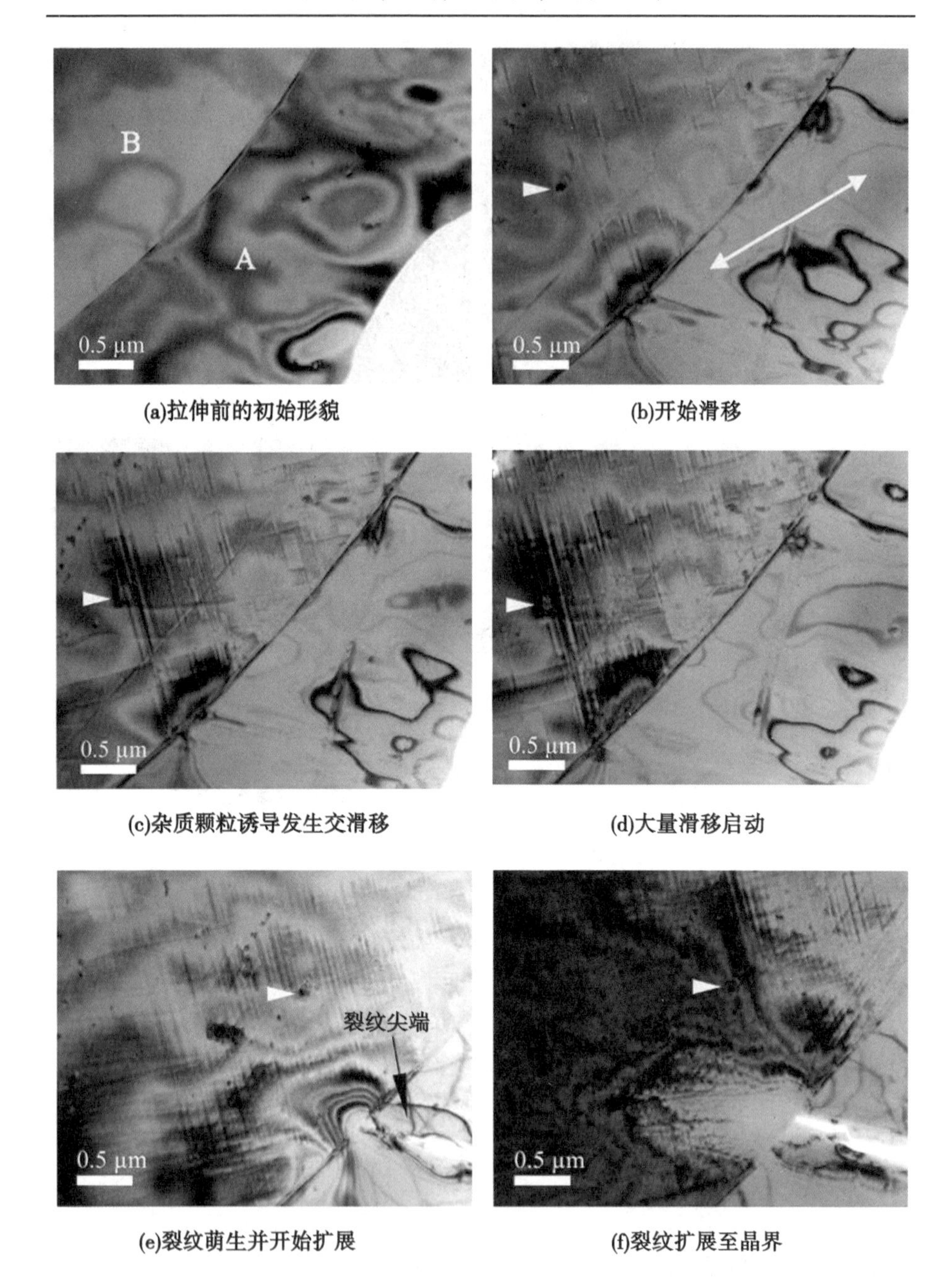

(a)拉伸前的初始形貌 (b)开始滑移

(c)杂质颗粒诱导发生交滑移 (d)大量滑移启动

(e)裂纹萌生并开始扩展 (f)裂纹扩展至晶界

图 4-6 样品薄区边缘萌生裂纹的系列 In-situ TEM 形貌图

分别为($1\bar{1}\bar{1}$)、($1\bar{1}1$)和($11\bar{1}$)晶面的表面迹线。这些迹线与图 4-7(a)中观察到的滑移迹线方向一致,误差仅为 1°~2°(计算夹角见表 4-1)。由此可见,裂纹萌生开裂前,晶粒 B 中首先激活的是位于($1\bar{1}\bar{1}$)滑移面上的滑移系。

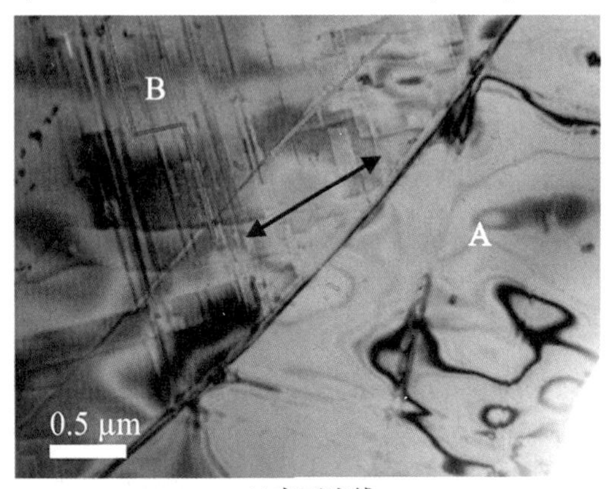

(a)表面迹线

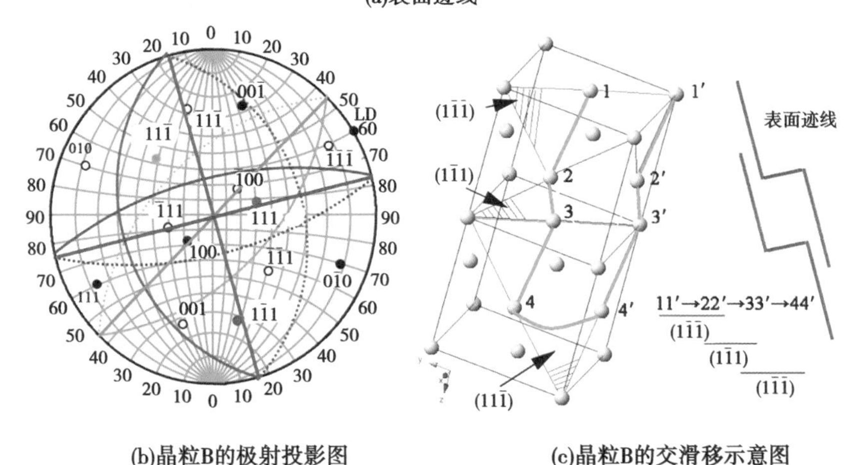

(b)晶粒B的极射投影图　　(c)晶粒B的交滑移示意图

图 4-7　晶粒 B 的迹线分析

图 4-7(c)左侧为晶粒 B 的实际空间取向,图中位错线首先在($1\bar{1}\bar{1}$)滑移面上滑移,位错线运动轨迹对应着图中的由 11′到 22′。由于 22′同属($\bar{1}\bar{1}\bar{1}$)和($1\bar{1}1$)滑移面,当位错线遇到阻碍时,位错线沿着($1\bar{1}1$)滑移面由 22′滑移到 33′。绕过阻碍物后,位错线又重新回到($1\bar{1}\bar{1}$)滑移面上继续向前运动,位错线运动轨迹对应着图中的由 33′到 44′。以上就是实验观察到的交滑移的

具体过程。图 4-7(c)右侧的折线就是滑移面与样品表面的交线,与观察到的晶粒 B 表面迹线特征一致。

根据晶粒 B 的空间取向和拉伸轴方向,可以计算出其 12 个滑移系的 Schmid 因子及其表面迹线的晶向指数,如表 4-1 所示,表中角度为滑移迹线和拉伸方向的角度。由前面内容可知,微裂纹开裂前晶粒 B 主要激活滑移系的滑移面为$(1\bar{1}\bar{1})$,对比表 4-1 中数据发现,具有 Schmid 因子最大(m=0.39)和第二大(m=0.37)的滑移系的滑移面都是$(\bar{1}11)$。由于$(1\bar{1}\bar{1})$晶面和$(\bar{1}11)$晶面等价,所以可以认为微裂纹开裂前晶粒 B 的滑移特征主要是外加应力导致的,其滑移系激活规律符合 Schmid 定律预测。然而,微裂纹开裂后,在晶粒 B 中靠近微裂纹尖端的区域,主要激活的滑移系所在滑移面为$(1\bar{1}1)$,在该滑移面上的滑移系,Schmid 因子最大的仅为 0.25。说明微裂纹的存在影响了晶粒 B 的滑移系激活,此时,裂纹尖端应力场可能主导了微裂纹前方晶体的滑移变形。

表 4-1　图 4-6 中晶粒 B 的滑移系和 Schmid 因子

滑移系统	迹线方向	角度/(°)	m
$(111)[0\bar{1}1]$	$[\overline{0.32}\ 2.22\ \overline{1.90}]$	88.79	0.05
$(111)[\bar{1}01]$	$[\overline{0.32}\ 2.22\ \overline{1.90}]$	88.79	0.19
$(111)[\bar{1}10]$	$[\overline{0.32}\ 2.22\ \overline{1.90}]$	88.79	0.14
$(\bar{1}11)[110]$	$[0.32\ 0.92\ \overline{1.25}]$	74.84	0.37
$(\bar{1}11)[101]$	$[\overline{0.32}\ 0.92\ \overline{1.25}]$	74.84	0.39
$(\bar{1}11)[01\bar{1}]$	$[\overline{0.32}\ 0.92\ \overline{1.25}]$	74.84	−0.02
$(1\bar{1}1)[011]$	$[0.98\ 2.22\ \overline{1.90}]$	162.45	0.25
$(1\bar{1}1)[110]$	$[0.98\ 2.22\ \overline{1.90}]$	162.45	0.20
$(1\bar{1}1)[\bar{1}01]$	$[0.98\ 2.22\ \overline{1.90}]$	162.45	0.05
$(11\bar{1})[\bar{1}10]$	$[\overline{0.98}\ \overline{0.9}\ \overline{1.90}]$	14.66	0.03
$(11\bar{1})[011]$	$[\overline{0.98}\ \overline{0.9}\ \overline{1.90}]$	14.66	0.18
$(11\bar{1})[101]$	$[\overline{0.98}\ \overline{0.9}\ \overline{1.90}]$	14.66	0.15

4.2.2　微裂纹尖端位错组态及演变

在本书研究中,1060铝合金的微裂纹萌生位置主要为晶界和滑移带,也存在少数情况微裂纹萌生在杂质颗粒处。图4-8为4个微裂纹在晶界处萌生的典型照片。由图可知,裂纹在晶界和样品薄区边缘相交的地方首先开裂,尖端均存在发射位错现象,说明裂纹尖端存在较大的应力。从图4-8可以看出,裂纹扩展的方式可分为两类:一类是继续沿晶界扩展,如图4-8(a)所示;另一类是向晶内扩展,如图4-8(b)所示。而且,沿晶界扩展的裂纹尖端附近的位错少于向晶内扩展的裂纹尖端附近的位错,这主要是由于晶界的结合力低于基体,发射少量位错就可以释放裂纹尖端的应力。

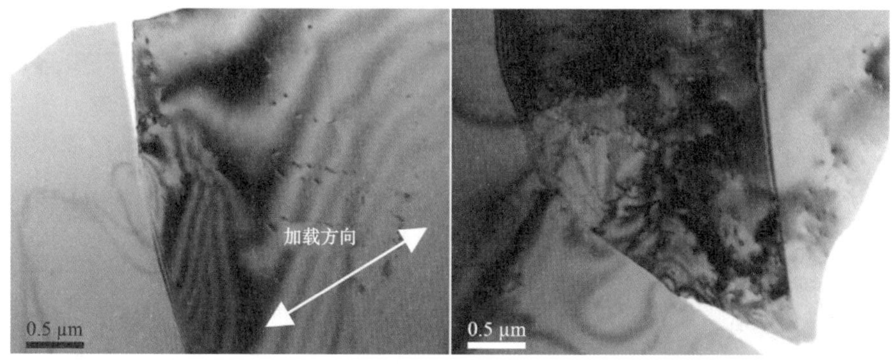

(a)裂纹沿晶界扩展

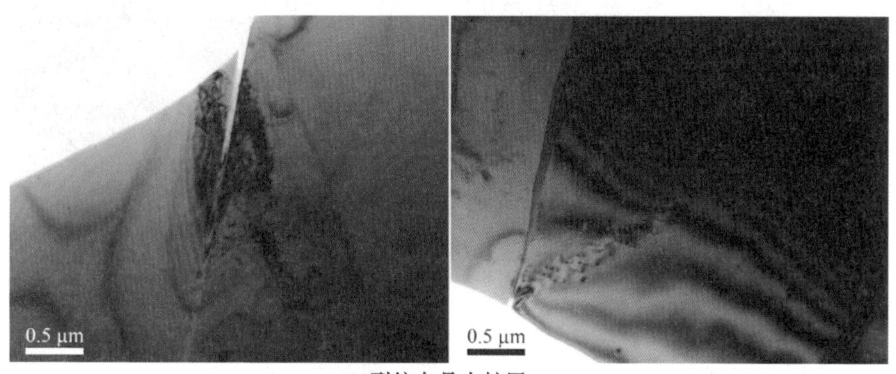

(b)裂纹向晶内扩展

图4-8　裂纹在晶界萌生

图4-9为裂纹尖端连续发射位错的系列In-situ TEM图。图4-9(a)中双箭头为应力加载方向,虚线为滑移迹线,位错的不同运动方向用R1、R2和R3

表示。由图 4-9(a)可知,晶粒至少激活了 3 个滑移系。裂纹尖端发射的位错发生了交滑移,说明发射的位错为螺型位错,这与利用应力加载方向和位错运动方向判定的结果一致。图中位错 D1 从裂纹尖端发射后,先沿着 R1 方向运动,然后转向 R2 方向运动,说明 D1 位错从一个滑移面进入了另外一个滑移面。继续加载后 D1 继续沿着 R2 方向运动,如图 4-9(b)所示;最后 D1 滑移到视野之外,如图 4-9(c)所示。位错 D2 从裂纹尖端发射之后,一直沿着 R1 方向运动,直至滑移到视野之外。位错 D3 的运动轨迹为 R1→R2→R1→R2,出现多次交滑移。位错 D5 在图 4-9(a)和(b)中没有明显变化,而在 4-9(c)中迅速向前滑移。位错 D4、D10 和 D11 在加载过程中未见明显运动。以上观察表明,裂纹尖端发射位错为不连续过程,裂纹尖端激活滑移系也存在明显方向性,如在图 4-9(a)中部区域,激活滑移系的迹线沿 R1 方向,而图中左下角激活滑移系的迹线沿 R3 方向。同时,位错的运动过程也不连续、不一致,部分位错表现得很活跃,运动速度快,可在不同滑移系间跳跃,如 D3;部分位错表现得很稳定,在应力加载过程中没有明显移动,如 D4。图 4-9(d)为该晶粒极射投影图,样品观察表面的晶面指数为($0.14\ \overline{0.96}\ 1.44$),拉伸方向接近[$\bar{4}\ \bar{5}\ \bar{3}$],R1、R2 和 R3 迹线分别对应着($111$)、($1\bar{1}1$)和($11\bar{1}$)滑移面的表面迹线,其晶向指数分别为[$\overline{2.40}\ 1.30\ 1.10$]、[$0.48\ 1.32\ 0.82$]和[$\overline{0.48}\ 1.58\ 1.10$]。

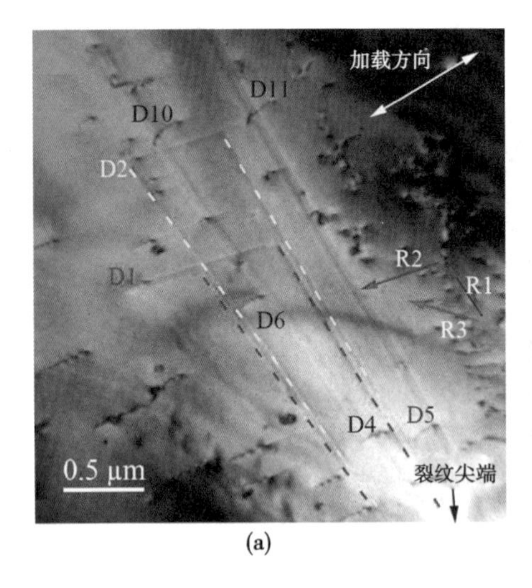

(a)

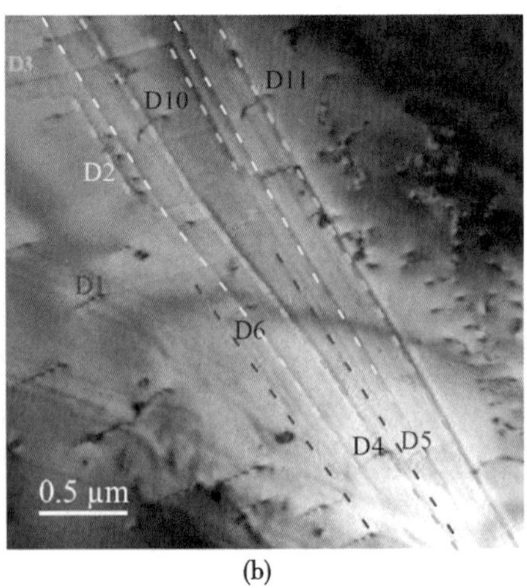

(b)

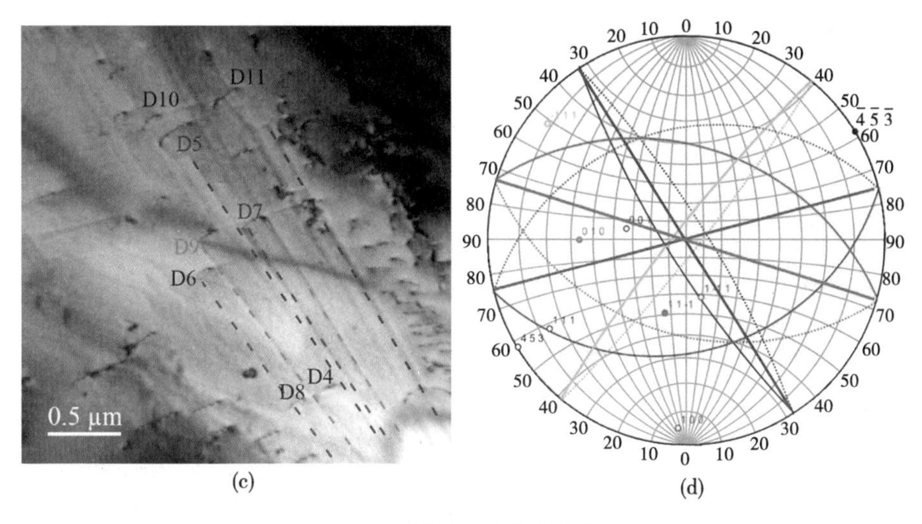

(c)　　　　　　(d)

图 4-9　裂纹尖端位错演变

4.3　微裂纹的扩展

4.3.1　晶内扩展

图 4-10 为微裂纹晶内扩展的系列 In-situ TEM 图。拉伸方向如图 4-10(a)中双箭头所示。微裂纹在样品薄区边缘的杂质颗粒处萌生，大量位错由微裂纹尖端发射，形成无位错区和位错反塞积区；随着微裂纹向晶内逐渐扩展，大量位错塞积到前方晶界处，如图中红色虚线所示。根据图 4-10(c)、(e)和(g)中明显的滑移迹线特征和衍射分析，同样利用上述旋转 Al 单胞极射投影图的方法，确定了该开裂晶粒的空间取向，观察表面的晶面指数为($0.67\ 1.57\ \overline{0.32}$)，拉伸方向为[$\overline{0.23}\ 0.10\ 0.01$]，不同迹线对应的滑移面指数分别如图 4-10(c)、(e)和(g)所示。

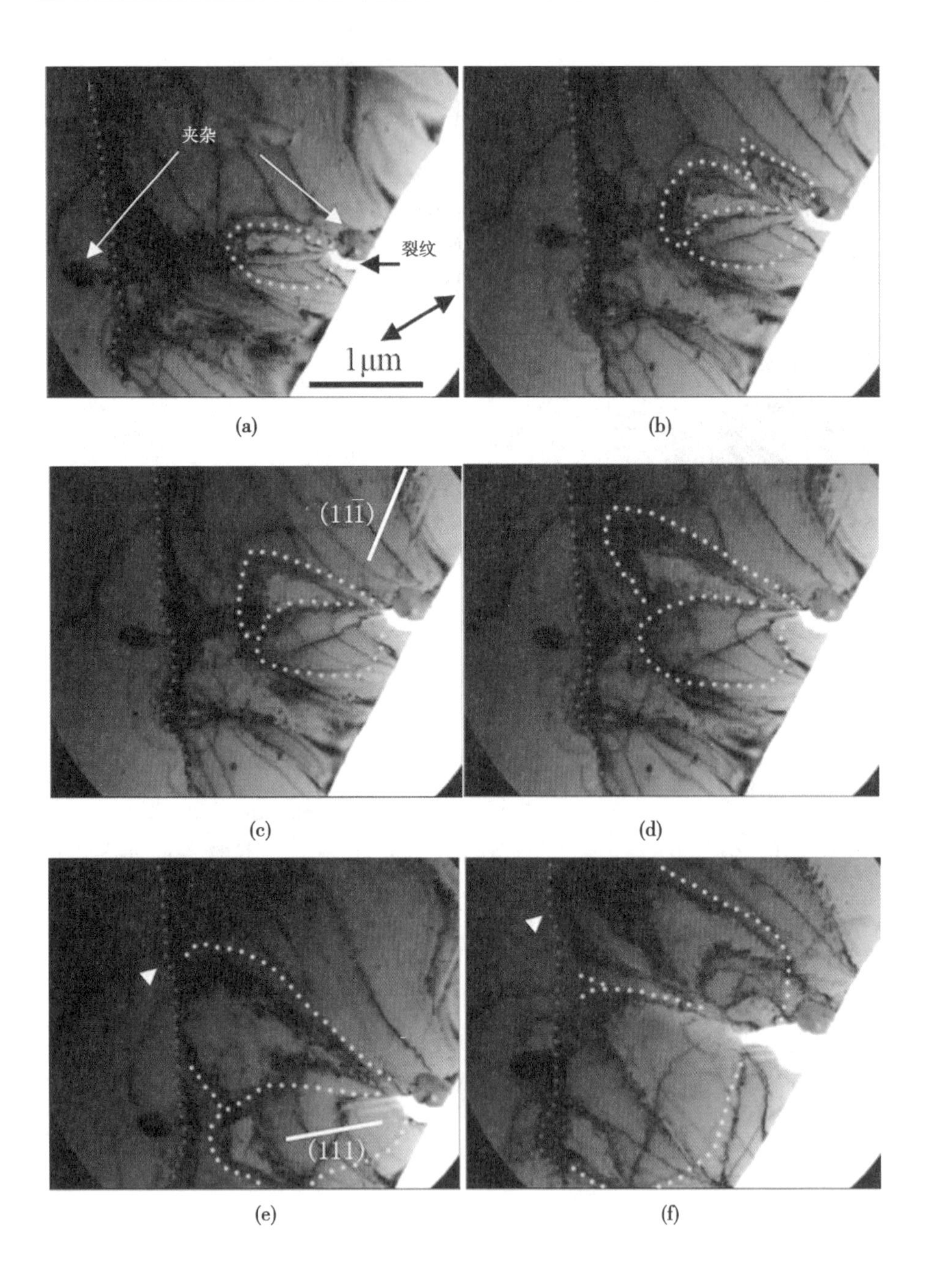

(a) (b) (c) (d) (e) (f)

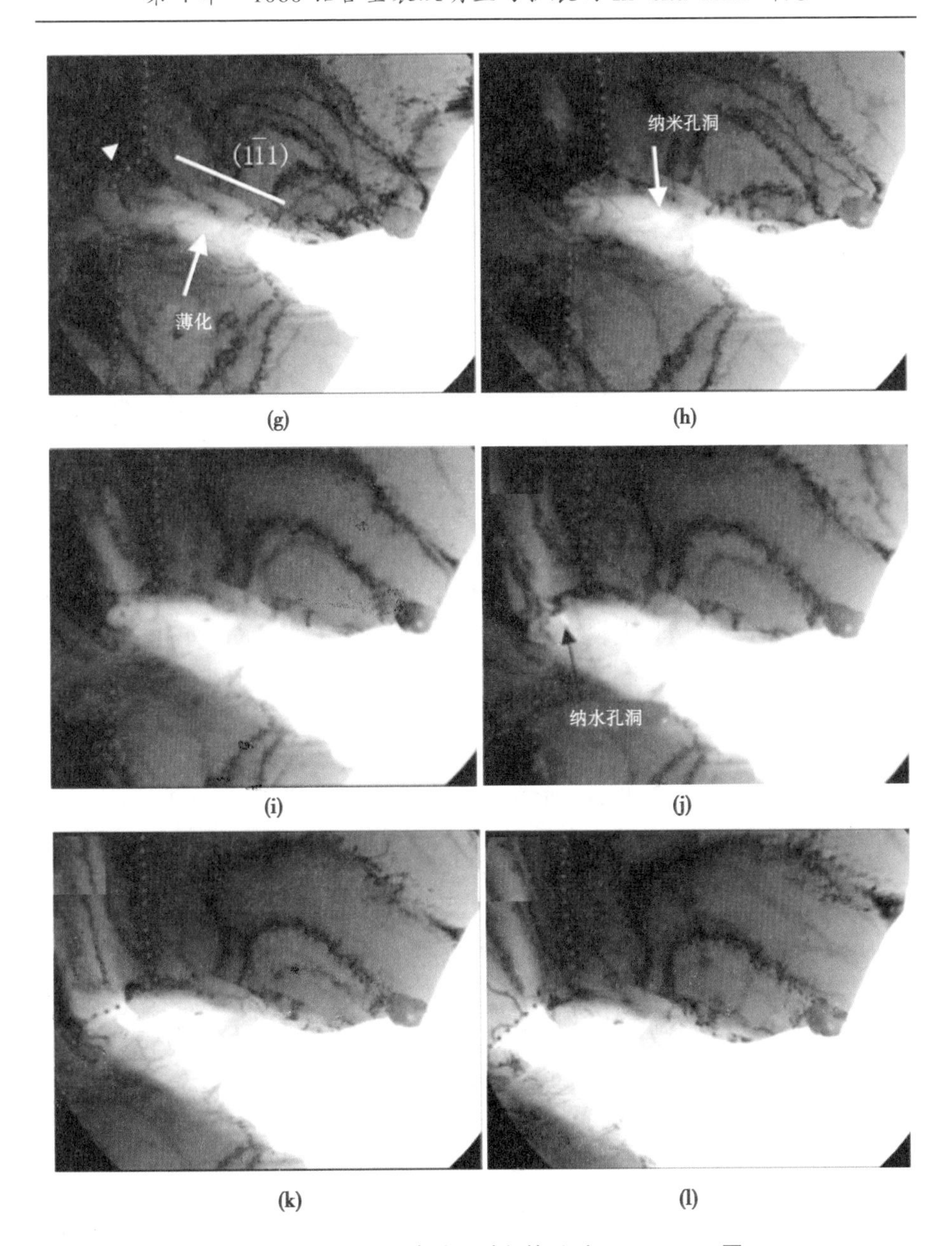

图 4-10　微裂纹晶内扩展过程的系列 In-situ TEM 图

在图 4-10(a)中,杂质颗粒和基体脱粘形成微裂纹,微裂纹向基体内扩展时,首先沿平行于(111)晶面的方向发射位错,形成的无位错区形状如图中黄色虚线所示。在晶界附近的应力衬度表明,裂纹尖端发射的位错已经开始在晶界处塞积。随着应力继续加载,先有的位错反塞积区逐渐扩大,晶界处的应力集中更加明显。而且在微裂纹尖端出现了新的位错反塞积区,滑移迹线表明,这一区域是由裂纹尖端沿($1\bar{1}1$)晶面滑移面发射位错导致的。继续加载后,($1\bar{1}1$)晶面上滑移导致的位错反塞积区迅速扩展长大,扩展速度明显快于(111)晶面上滑移导致的位错反塞积区,如图 4-10(c)~(f)所示。微裂纹的这一扩展过程[见图 4-10(b)~(f)],未见裂纹尖端形成纳米孔洞,裂纹尖端沿着(111)晶面连续扩展,向前扩展了约 500 nm,根据加载应力方向和裂纹扩展方向,判定微裂纹近似Ⅱ型裂纹,断裂面为(111)晶面,扩展方向为[$1\bar{1}0$]。

如前所述,裂纹沿着(111)晶面扩展 500 nm 后,裂纹尖端钝化,如图 4-10(f)所示。继续加载后,裂纹转向沿($1\bar{1}1$)晶面开裂扩展,扩展约 500 nm 后,停止扩展,裂纹两侧沿($11\bar{1}$)晶面滑动,裂纹尖端出现薄化,裂纹尖端再次钝化,如图 4-10(g)所示。同时,由于位错反塞积区向前扩展,位错穿过晶界,使晶界发生变形。随着继续加载,无位错区中形成纳米孔洞[见图 4-10(h)],纳米孔洞不断长大,直至与主裂纹连通,裂纹尖端再次锐化,如图 4-10(i)所示。继续加载后,裂纹尖端再次钝化,并在前方晶界附近形成纳米孔洞,随后,纳米孔洞长大,与主裂纹连通,裂纹两侧沿着晶界滑动,裂纹尖端钝化,如图 4-10(j)~(l)所示。图 4-10(g)~(l)中裂纹的特征说明,微裂纹属于不连续扩展,扩展路径类似于 Z 字形,断裂面依然是滑移面。

4.3.2 穿晶扩展

图 4-11 为微裂纹穿晶扩展的系列 In-situ TEM 图。由图 4-11(a)可知,在应力作用下,左侧晶粒在同一个滑移面上开始大量滑移,图中三角指示处为滑移撞击晶界形成的应力衬度。微裂纹在左侧晶粒内萌生,裂纹依然沿着滑移面连续扩展,发射的大量位错在裂纹尖端形成长轴约 2 μm 的塑性变形区。加载应力后,如图 4-11(b)所示,微裂纹的塑性变形区前缘抵达晶界。随后,塑性区穿过晶界,激活了右侧晶粒滑移系,释放掉了晶界处的应力集中,如图 4-11(c)所示。需要注意的是,晶界向右侧晶粒内发射位错的位错源,并不是裂纹扩展方向对应的晶界处,而是图 4-11(a)中应力集中最大的位置。继续加载应力后,微裂纹向前连续扩展,未见裂纹尖端形成纳米孔洞,如图 4-11(d)~(f)所示。右侧晶粒内的其他位置也开始滑移,但相比这些位置,先开始滑移的位置滑移更加剧烈,导致样品发生薄化。二次裂纹先后在左侧晶粒和右侧晶粒内的薄化区内形核、长大,然后连通,最后与主裂纹合并,如图 4-11(g)~(i)所示。

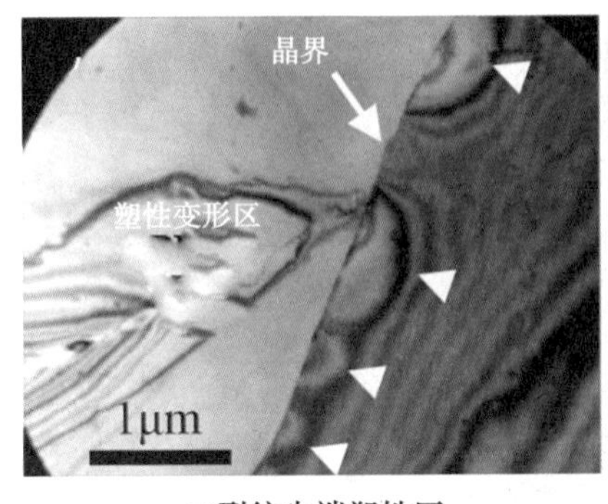

(a)裂纹尖端塑性区

(b)塑性区扩展至晶界

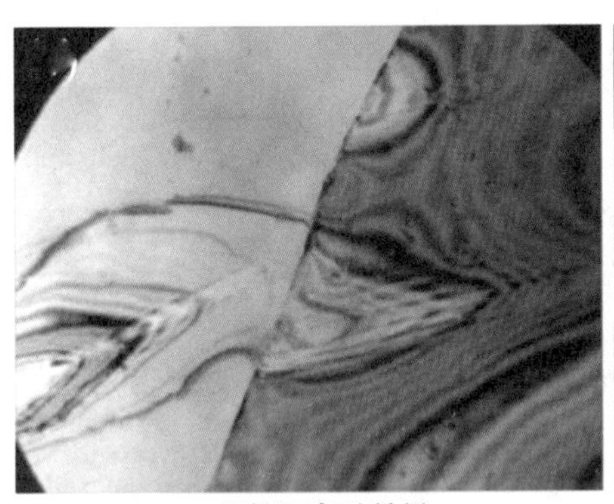

(c)塑性区穿过晶界
并激活相邻晶粒滑移

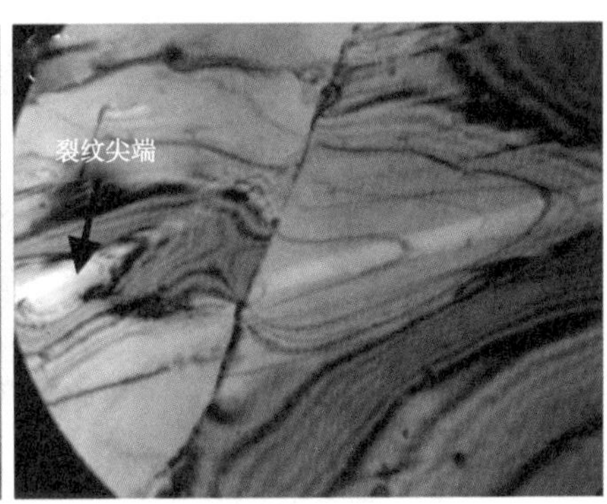

(d)裂纹扩展,塑性区长大

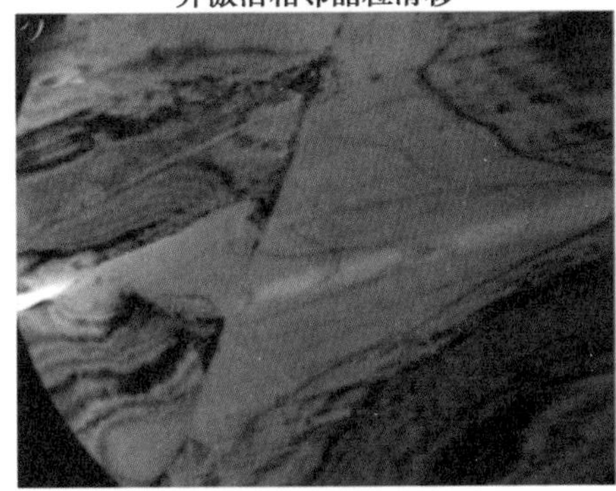

(e)裂纹扩展,塑性区长大

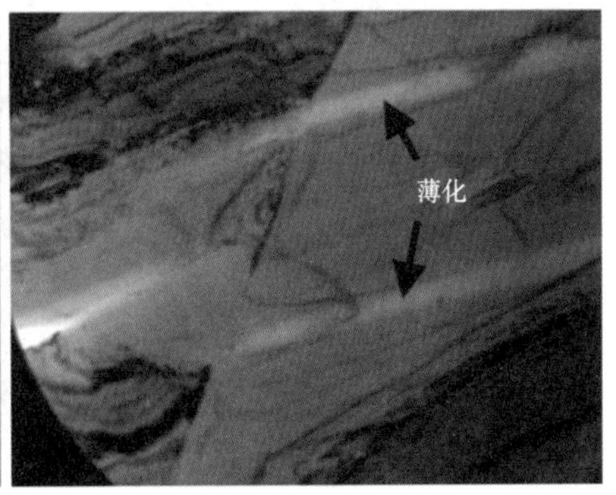

(f)相邻晶粒薄化

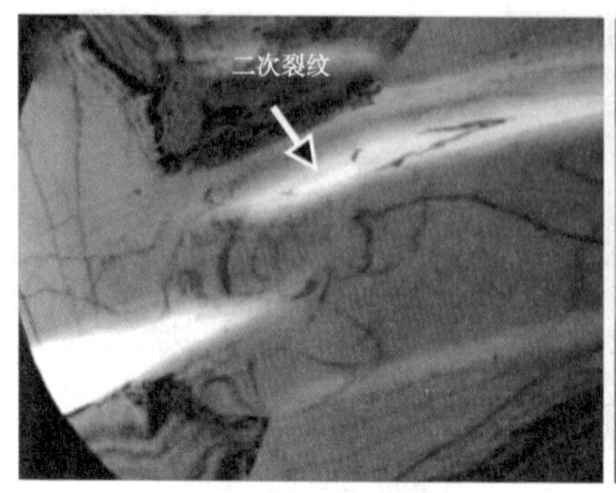

(g)二次裂纹在晶界一侧萌生

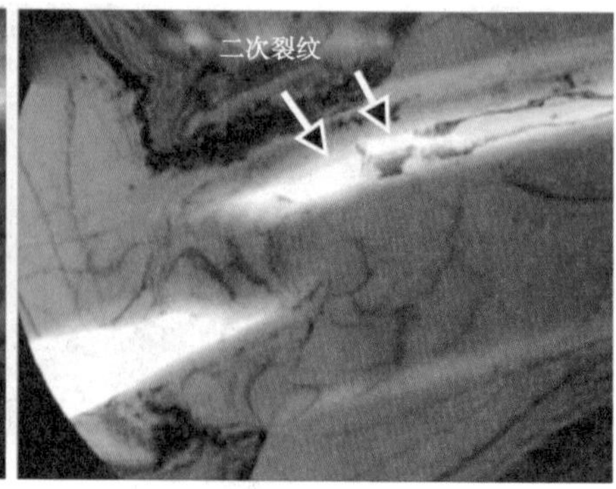

(h)二次裂纹在晶界另一侧萌生

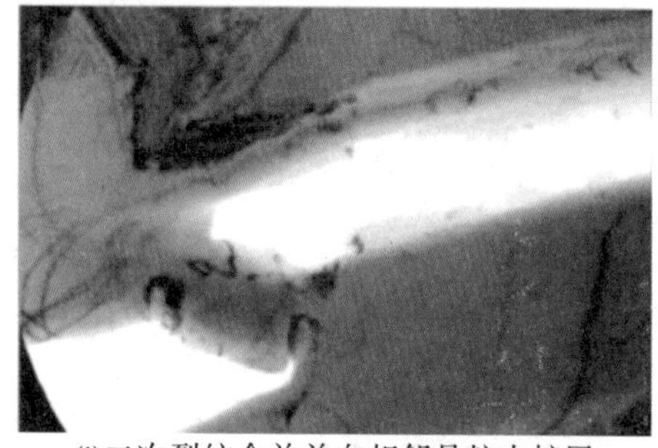

(i)二次裂纹合并并向相邻晶粒内扩展

图 4-11　微裂纹穿晶扩展过程的序列 In-sttu TEM 图

薄化是由于晶体发生滑移导致的,右侧晶粒的滑移主要是左侧晶粒滑移激活所引起的。由于左侧晶粒内滑移比较分散,而右侧晶粒由于滑移比较集中,所以滑移剧烈的位置优先发生薄化。在图 4-11(f)中,上方的薄化区域主要位于右侧晶粒内,并且与左侧晶粒接触的晶粒也发生了薄化,说明滑移从左侧晶粒穿过晶界时,右侧晶粒滑移仅释放了部分应力,晶界为维持不脱粘开裂还向左侧晶粒发射了位错,导致左侧晶粒的对应位置也发生了薄化。同时,根据图中两个晶粒中滑移迹线的宽度,可以判定图中晶界为大角晶界。

4.4　微裂纹尖端的 Ex-situ TEM 分析

由上面可知,裂纹的扩展路径有的为 Z 字形的,也有的为直线形的。为研究造成不同形状尖端的结构差异,利用双倾样品杆对两种形状裂纹的尖端区域进行了 HRTEM(High Resolution Transmission Electron Microscope,高分辨透射电镜)分析。

图 4-12(a)为 Z 字形裂纹的低倍 TEM 形貌图,由图可知,裂纹由样品薄区边缘开裂,向晶粒内部扩展,裂纹长度约为 1.2 μm。裂纹周围存在大量应力条纹,裂纹尖端附近存在大量位错。图 4-12(b)为图 4-12(a)中方框区域的放大图,清晰地看到裂纹扩展形式为 Z 字形(锯齿形),裂纹尖端存在长条状薄化区域,长度方向平行于 Z 字形裂纹的一个方向。在已经开裂后的裂纹两侧存在大量残留位错。图 4-12(c)为图 4-12(b)中方框区域的放大图,可以清晰地看到裂纹周围存在撕裂痕,如图中红箭头所示。薄化区和撕裂痕的存在,说明裂纹扩展和裂纹尖端薄化是逐层断裂的过程。通过对撕裂痕处的 HRTEM[见图 4-12(f)]仔细确认,撕裂痕附近的晶格未见明显缺陷,说明在薄化过程中,层与层之间的滑动为全位错,移动距离为原子间距的整数倍。同时,在薄化区前端还可以看到规则排列的位错列,位错距离薄化区前端仅数个纳米,其排列方向与 Z 字形裂纹的两个方向几乎平行。图 4-12(d)为图 4-12(c)中薄化区的 HRTEM,可见薄化区内存在无序区。图 4-12(e)为图 4-12(c)中裂纹尖端区域的$[001]_{Al}$晶带轴的 HRTEM,裂纹尖端包裹着约 15 nm×13 nm 的椭圆形无序区域,说明裂纹尖端和薄化区应力集中,晶格畸变强烈。裂纹两侧的无序区域宽度减小,说明开裂后,应力得到释放,部分无序区域又转化为晶体。图 4-12(e)中右上角分别为基体和无序区的衍射花样。对比基体衍射花样和 Z 字形裂纹形貌发现,裂纹两边均与[110]方向平行,这是由于在$[001]_{Al}$带轴下,[110]和[111]平行,所以 Z 字形裂纹的断裂面实质上依然是(111)密排面。

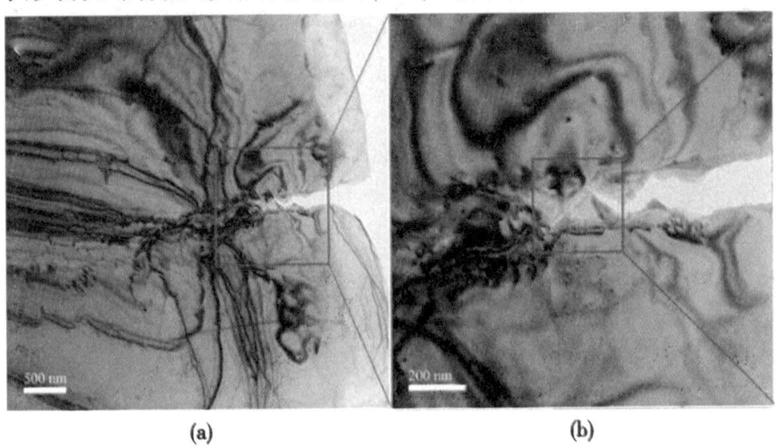

(a)　　(b)

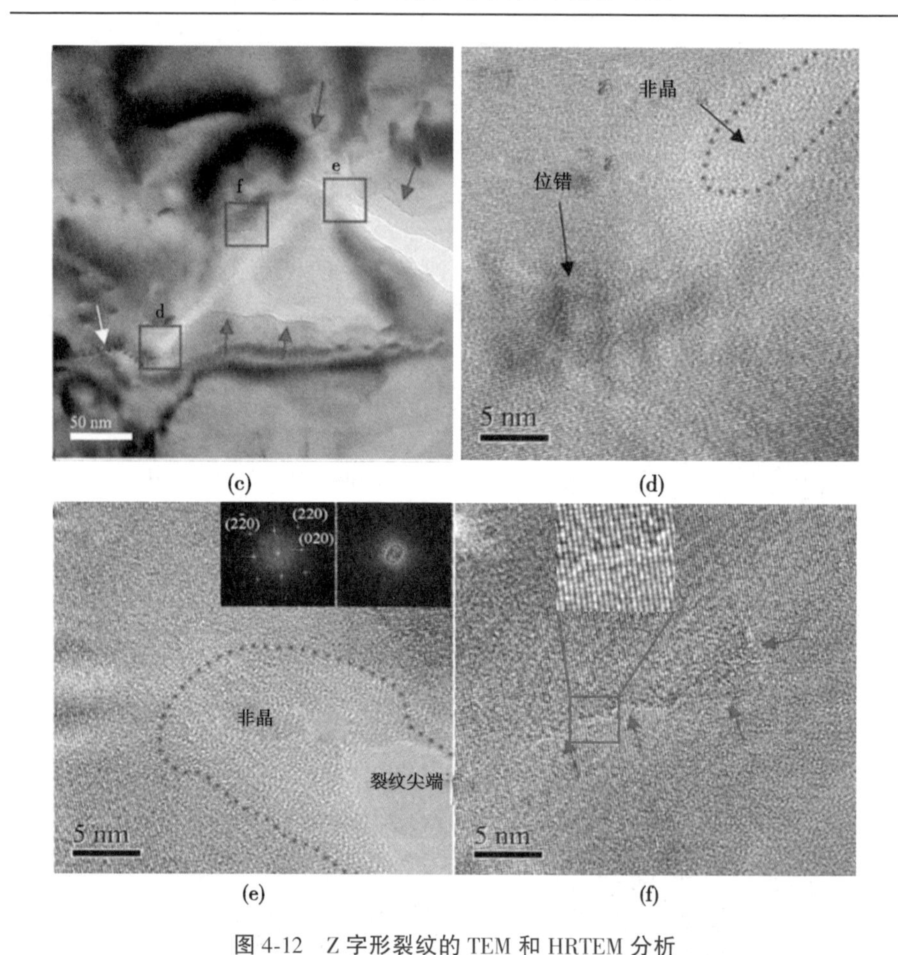

(c)　　(d)

(e)　　(f)

图 4-12　Z 字形裂纹的 TEM 和 HRTEM 分析

(a)裂纹形貌；(b)图(a)中方框区域放大图；(c)图(b)中方框区域放大图；
(d)～(f)图(c)中对应方框区域放大图

图 4-13(a)为直线形裂纹的低倍 TEM 形貌图和 HRTEM 分析图,裂纹周围同样存在大量应力条纹,裂纹前方存在大量位错。图 4-13(b)为图 4-13(a)中方框区域的放大图,由图可见裂纹尖端存在细长的薄化区,宽度为几十纳米到 100 nm,长度达一两个微米。对比 Z 字形裂纹前方位错分布,直线形裂纹前方位错呈列状分布,排列方向与裂纹扩展方向平行。图 4-13(c)为图 4-13(b)中方框区域的放大图,可见撕裂痕,断裂面平整。与 Z 字形裂纹存在较大区别的是,裂纹两侧残留位错较少。图 4-13(d)为图 4-13(c)中方框区域的 HRTEM,说明靠近裂纹尖端的薄化区内同样存在无序区。图 4-13(e)和(f)分别为图 4-13(d)中薄化区和基体界面处(图中对应方框区域)的放大图,

可清晰看到无序区。

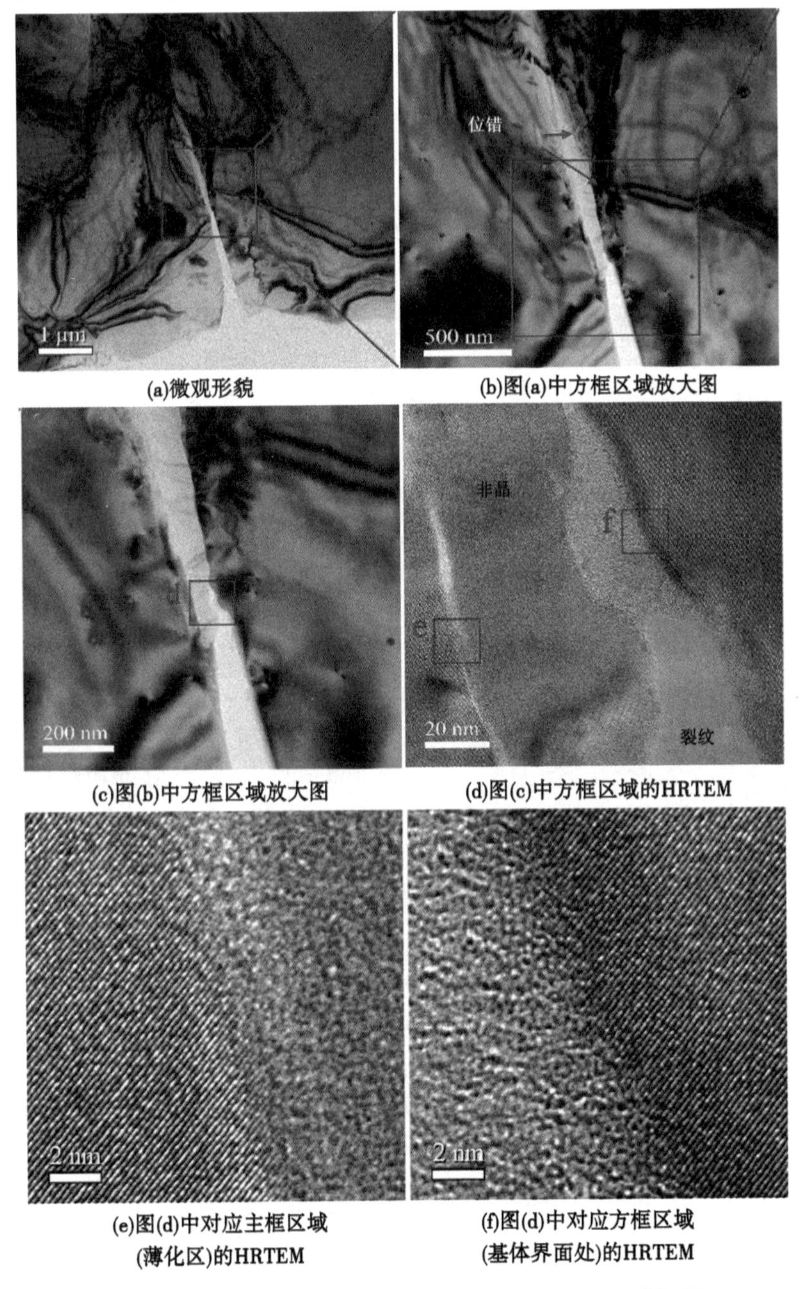

(a)微观形貌　(b)图(a)中方框区域放大图

(c)图(b)中方框区域放大图　(d)图(c)中方框区域的HRTEM

(e)图(d)中对应主框区域(薄化区)的HRTEM　(f)图(d)中对应方框区域(基体界面处)的HRTEM

图 4-13　直线形裂纹的低倍 TEM 形貌图和 HRTEM 分析图

4.5 分析与讨论

以上数据表明,1060 铝合金中的晶界、滑移带和少数杂质颗粒是微裂纹萌生的主要位置。晶界两侧晶粒的取向差是影响晶界阻碍位错滑移的重要因素。由于小角晶界两侧取向差较小,相邻晶粒的滑移系取向接近,滑移易于直接穿过晶界,所以对位错的阻碍作用较小。而大角晶界两侧晶粒的滑移取向较大,增加了滑移穿过晶界的势垒,所以大角晶界的塑性协调性较差,易萌生微裂纹。同时,在裂纹扩展过程中,大角晶界可使裂纹尖端钝化,促使裂纹尖端发射更多的位错,诱发裂纹改变扩展路径,相当于降低了裂纹扩展速率,提高了合金的断裂韧性。杂质颗粒阻碍位错滑移,在其与基体的界面处容易应力集中,最终导致界面分离,微裂纹萌生,提高了合金的断裂敏感性。

1060 铝合金中的微裂纹可以连续扩展,也可以不连续扩展。其中,不连续扩展是通过裂纹尖端无位错区内纳米孔洞形成、长大,直至与主裂纹连通实现微裂纹扩展的,往往伴随有断裂面的改变,如 Z 字形扩展。图 4-10(g)~(l)表明,在裂纹不连续扩展过程中,裂纹尖端处于锐化和钝化的不断调整过程中。裂纹扩展面变化前,裂纹尖端首先发生钝化,然后在无位错区内萌生纳米孔洞,释放掉了部分应力,随着纳米孔洞的长大以及与主裂纹连通,裂纹尖端锐化,裂纹完成扩展。继续加载应力,裂纹尖端再次钝化。裂纹的扩展行为取决于裂纹尖端的应力状态。Mao 等[115]的研究表明,对于 TEM 薄样品,其裂纹尖端的应力强度因子 $K=(\delta\sigma_{ys}E)^{1/2}$,$\delta$ 为裂纹尖端张开位移,σ_{ys} 为屈服应力,E 为杨氏模量。增大裂纹尖端张开距离,即裂纹尖端发生钝化,应力强度因子升高。因此,裂纹钝化后,就需要裂纹尖端发射更多的位错释放应力,也就有可能需要激活更多的滑移系,为裂纹扩展路径改变提供了可能。所以,直线形裂纹(见图 4-13)周围的位错要比 Z 字形裂纹(见图 4-12)周围的位错少。

关于纳米孔洞的形成,Zhu 等[80]和 Qian[79,116]等的研究都表明,裂纹尖端应力峰值存在两个,一个在裂纹尖端,另一个就位于无位错区内。张静武[98]发现裂纹尖端无位错区的电子衍射呈现圆环状,确定无位错区内存在较大晶格畸变。当无位错区内的应力极值超过材料的结合强度时,纳米孔洞就可能形成。另外,空位集聚也可能导致纳米孔洞形成。裂纹尖端在应力作用下发射位错,位错线可作为空位快速扩散的通道,空位集聚有利于降低体系自由能[117]。Cutiño[118]指出,应力作用下的空位浓度 C_σ 与空位平衡浓度 C_V、应力 σ 和空位体积 b^3 有关:

$$C_{\sigma} = C_{V}\exp\left(\frac{\sigma b^{3}}{kT}\right) \tag{4-1}$$

式中，k 为玻尔兹曼常数，T 为温度。式(4-1)表明，应力升高，空位浓度升高。对于无位错区，如其内部应力足够高，纳米孔洞就可以形成。Feng 等[81]在观察 Al-Cu-Mg 合金的裂纹尖端时也发现无序区。无序区的出现不仅能间接说明裂纹尖端无位错区的高应力集中，而且可以提供高浓度的空位源，可能会加速空位集聚形成纳米孔洞。

在本书中，不管是连续扩展的直线形裂纹，还是不连续扩展的 Z 字形裂纹，在裂纹尖端和薄化区中都发现了无序的非晶区，而且由于加载速度较慢，可能为空位扩散提供足够长的时间。所以，纳米孔洞的形核与裂纹尖端应力集中和空位集聚都有关系，裂纹尖端钝化使得应力强度因子升高，加剧了裂纹尖端的应力集中，为纳米孔洞的形成提供了驱动力，而薄化区和裂纹尖端的无序区为纳米孔洞的形成提供了空位来源。

1060 铝合金的晶体取向对塑性变形和微裂纹萌生与扩展行为有重要影响。开裂前的塑性变形行为基本可以用 Schmid 因子预测，Schmid 因子大的滑移系优先启动，微裂纹在滑移剧烈的滑移带中萌生，沿着滑移面连续扩展，滑移面就是微裂纹的断裂面。然而，在图 4-10 中，微裂纹在刚开始扩展时[见图 4-10(a)]，裂纹尖端发射位错主要在(111)面上滑移，形成的位错反塞积区的长轴方向和(111)滑移面的滑移迹线近似平行。说明此时裂纹尖端(111)滑移面上的某一滑移方向所受的切应力最大。表 4-2 为该开裂晶粒 12 个滑移系及其 Schmid 因子。由表 4-2 可知，在当前外力加载方向下，$(1\bar{1}1)[10\bar{1}]$具有最高的 Schmid 因子，为 0.50。而(111)滑移面上的滑移系的 Schmid 因子都比较低，最高仅为 0.26。显然，用 Schmid 因子难以解释上述微裂纹扩展行为。说明裂纹尖端的应力分布和 Schmid 定律描述的切应力状态不同。为解释这一现象，对作用在裂纹尖端位错上的应力分布进行了分析。

表 4-2　图 4-10 中开裂晶粒的滑移系统和 Schmid 因子

滑移系统	m	滑移系统	m	滑移系统	m	滑移系统	m
$(111)[0\bar{1}1]$	0.07	$(\bar{1}11)[\bar{1}\bar{1}0]$	0.29	$(1\bar{1}1)[0\bar{1}\bar{1}]$	0.23	$(11\bar{1})[1\bar{1}0]$	0.30
$(111)[10\bar{1}]$	0.19	$(\bar{1}11)[\bar{1}0\bar{1}]$	0.49	$(1\bar{1}1)[110]$	0.27	$(11\bar{1})[0\bar{1}\bar{1}]$	0.10
$(111)[1\bar{1}0]$	0.26	$(\bar{1}11)[01\bar{1}]$	0.20	$(1\bar{1}1)[10\bar{1}]$	0.50	$(11\bar{1})[101]$	0.20

根据 Peach-Koehler 方程[119]，裂纹尖端处位错所受切应力可由以下公式求得：

$$\tau = \boldsymbol{b} \cdot \sigma \cdot \boldsymbol{n} \tag{4-2}$$

式中,$\boldsymbol{b}$ 为位错的伯氏矢量,$\boldsymbol{n}$ 为位错所在滑移面的法线方向矢量,σ 为裂纹尖端应力张量,可以写为[120]:

$$\sigma_{x'x'} = A\left[\cos^2\psi\cos\frac{\theta}{2}\left(1 - \sin\frac{\theta}{2}\sin\frac{3\theta}{2}\right) - \cos\psi\cos\eta\sin\frac{\theta}{2}\left(2 + \cos\frac{\theta}{2}\cos\frac{3\theta}{2}\right)\right] \tag{4-3}$$

$$\sigma_{y'y'} = A\left[\cos^2\psi\cos\frac{\theta}{2}\left(1 + \sin\frac{\theta}{2}\sin\frac{3\theta}{2}\right) + \cos\psi\cos\eta\sin\frac{\theta}{2}\cos\frac{\theta}{2}\cos\frac{3\theta}{2}\right] \tag{4-4}$$

$$\sigma_{z'z'} = \nu(\sigma_{x'x'} + \sigma_{y'y'}) \tag{4-5}$$

$$\sigma_{x'y'} = A\left[\cos^2\psi\cos\frac{\theta}{2}\sin\frac{\theta}{2}\cos\frac{3\theta}{2} + \cos\psi\cos\eta\cos\frac{\theta}{2}\left(1 - \sin\frac{\theta}{2}\sin\frac{3\theta}{2}\right)\right] \tag{4-6}$$

$$\sigma_{x'z'} = -A\cos\psi\cos\xi\sin\frac{\theta}{2} \tag{4-7}$$

$$\sigma_{y'z'} = -A\cos\psi\cos\xi\cos\frac{\theta}{2} \tag{4-8}$$

其中 $A=\sigma(a/2r)^{1/2}$(为定性描述应力分布,A 设为 1),ν 为泊松比(对铝合金取 0.3),η,ψ,ξ 分别为应力加载方向和裂纹坐标系 X'、Y' 和 Z' 坐标轴之间的夹角,θ 为任意方向与裂纹扩展方向之间的夹角。X' 和 Y' 分别为裂纹扩展方向和裂纹面的法线方向,Z' 垂直于 X'—Y' 平面。

如前所述,裂纹在开始扩展阶段近似Ⅱ型裂纹,断裂面为(111)滑移面,扩展方向为$[1\bar{1}0]$。所以,$X'=[1\bar{1}0]$,$Y'=[111]$,$Z'=[\bar{1}\,\bar{1}2]$。从样品晶体学坐标系向裂纹坐标系的转换矩阵 $\boldsymbol{T}$ 为:

$$\boldsymbol{T} = \begin{bmatrix} \frac{\sqrt{2}}{2} & \frac{\sqrt{3}}{3} & -\frac{\sqrt{6}}{6} \\ -\frac{\sqrt{2}}{2} & \frac{\sqrt{3}}{3} & -\frac{\sqrt{6}}{6} \\ 0 & \frac{\sqrt{3}}{3} & \frac{\sqrt{6}}{3} \end{bmatrix}$$

根据该转换矩阵可求得拉伸方向和全部滑移面、滑移方向等相关晶体学指数在裂纹坐标系下的方向指数,如表 4-3 所示。

表 4-3　晶体坐标系和裂纹坐标系的密勒指数对照

方向	晶体坐标系	裂纹坐标系	方向	晶体坐标系	裂纹坐标系
拉伸方向	$[\overline{0.23}\ 0.10\ 0.01]$	$[\overline{0.23}\ \overline{0.07}\ 0.06]$	滑移方向	$[1\bar{1}0]$	$[1.41\ 0\ 0]$
开裂面法向	$[111]$	$[0\ 1.73\ 0]$		$[10\bar{1}]$	$[0.71\ 0\ \overline{1.23}]$
滑移面法向	$[1\bar{1}1]$	$[1.41\ 0.58\ 0.82]$		$[0\bar{1}1]$	$[0.71\ 0\ 1.23]$
	$[11\bar{1}]$	$[0\ 0.58\ \overline{1.63}]$		$[110]$	$[0\ 1.16\ \overline{0.82}]$
	$[\bar{1}11]$	$[\overline{1.41}\ 0.58\ 0.82]$		$[0\bar{1}\ \bar{1}]$	$[0.71\ \overline{1.16}\ \overline{0.41}]$
	$[111]$	$[0\ 1.73\ 0]$		$[\bar{1}0\bar{1}]$	$[\overline{0.71}\ \overline{1.16}\ \overline{0.41}]$

图 4-14(a)~(d)为计算得到的当前应力加载条件下裂纹尖端所有滑移系上的切应力分布。由图 4-14 可知,裂纹尖端处的(111)$[1\bar{1}0]$滑移系受到的切应力最大。所以,裂纹尖端激活该滑移系,向前方发射位错,形成了长轴沿(111)滑移迹线方向的椭圆形位错反塞积区。说明裂纹尖端应力状态直接影响着微裂纹的扩展行为,也影响着位错反塞积区的特征。

位错由裂纹尖端发射,进入位错反塞积区,需要克服晶格点阵对位错运动的阻力 τ_f。位错在裂纹尖端附近受到的力包括 3 个方面,分别为外力作用到该位错上的力,该位错的像力以及位错反塞积区中所有位错对该位错的作用力。Rice[121] 指出,裂纹尖端附近位错在外力作用下受到的力 $F_\sigma = \boldsymbol{K}/(2\pi r)^{1/2}$,$\boldsymbol{K}$ 为裂纹尖端应力强度因子,r 为位错距离裂纹尖端的距离。F_σ 是位错运动的驱动力,所以 $\boldsymbol{K}$ 常被看作是裂纹尖端发射位错的能力。应力强度因子越高,裂纹尖端发射位错的驱动力越高。像力是由于自由表面对位错的吸引力产生的,可写为 $F_i = -\mu \boldsymbol{b}/4\pi r$,$\mu$ 为剪切模量,$\boldsymbol{b}$ 为位错的伯格矢量。位错反塞积区中所有位错对裂纹尖端发射位错的作用力可写为 $F_D = -\sum \mu \boldsymbol{b} (x_i/r)^{1/2}/\ 2\pi(x_i - r)$,$x_i$ 为裂纹尖端位错到第 i 个已发射位错之间的距离[117]。所以,裂纹尖端位错受到的力可写为

$$F = F_\sigma + F_i + F_D = \frac{\boldsymbol{K}}{\sqrt{2\pi r}} - \frac{\mu \boldsymbol{b}}{4\pi r} - \sum \left[\frac{\mu \boldsymbol{b}}{2\pi(x_i - r)}\right]\left(\frac{x_i}{r}\right)^{1/2} \tag{4-9}$$

可见,F_i 和 F_D 是裂纹尖端位错发射的阻力。只有当 $F>\tau_f$ 时,裂纹尖端位错才能被发射,并向位错反塞积区运动。

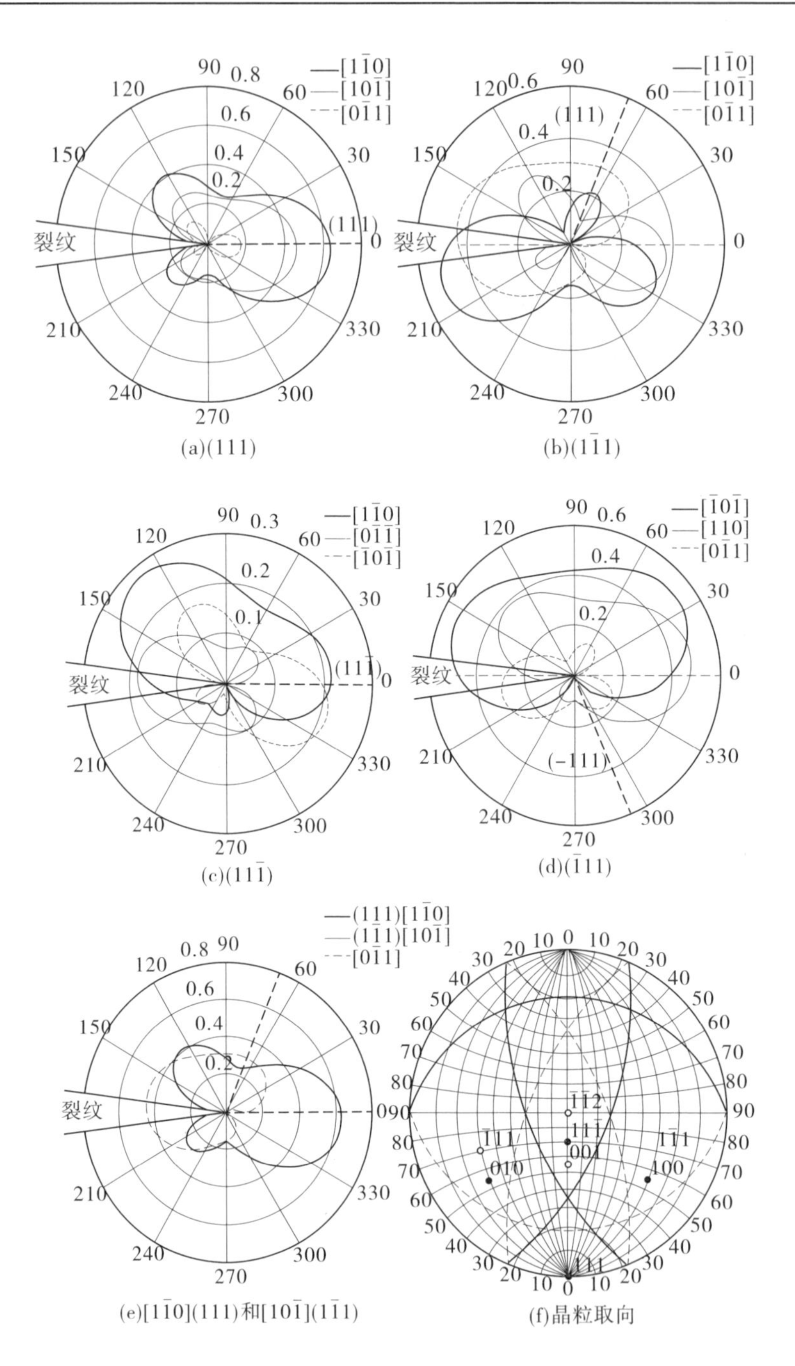

图 4-14　裂纹尖端滑移系上的剪切应力分布

在图 4-10 中,裂纹尖端前方存在晶界。由于晶界距离裂纹尖端有一定距离,裂纹初始扩展时并没有影响裂纹尖端按照具有最大切应力的滑移系发射位错。随着裂纹尖端前方位错反塞积区的形成和向前扩展,晶界对位错的阻碍作用逐渐增强,额外增加了位错向反塞积区运动的阻力,所以微裂纹沿$(111)[1\bar{1}0]$滑移系扩展受到阻碍。由图 4-14(b)可知,$(1\bar{1}1)$滑移面上 3 个滑移方向中,$[10\bar{1}]$的切应力最大。在图 4-14(e)中,对比$(111)[1\bar{1}0]$和$(1\bar{1}1)[10\bar{1}]$滑移系上的切应力分布可以发现,$(111)[1\bar{1}0]$滑移系上的切应力接近$(1\bar{1}1)[10\bar{1}]$滑移系切应力的 2 倍。所以,在裂纹初始扩展时,$(1\bar{1}1)[10\bar{1}]$滑移系并没有启动。而是当$(111)[1\bar{1}0]$滑移系受到晶界阻碍时,裂纹尖端才开始沿$(1\bar{1}1)[10\bar{1}]$滑移系发射位错,如图 4-10(b)所示。值得注意的是,沿$(1\bar{1}1)[10\bar{1}]$滑移系发射位错后形成的无位错区扩展了更长的距离,反而先到达晶界,如图 4-10(e)所示。这说明$(1\bar{1}1)[10\bar{1}]$滑移系上的位错在被裂纹尖端发射后滑移速度更快。由表 4-2 可知,$(1\bar{1}1)[10\bar{1}]$滑移系的 Schmid 因子最高,为 0.50,说明外加应力分解到该滑移系上的切应力较高。因此,可以认为,该滑移速度快的原因是位错受到了更高的切应力。

以上分析说明,裂纹尖端应力状态可以决定发射位错的属性以及位错所在的滑移系,而当位错从裂纹尖端发射滑移一段距离后,裂纹尖端应力对位错运动状态的影响逐渐减弱,而宏观加载应力对位错运动状态的影响逐渐增强。

4.6　小结

本章利用 In-situ TEM 研究了 1060 铝合金微裂纹萌生与扩展的组织演变行为,并结合 Ex-situ TEM 和滑移迹线分析进一步研究了微裂纹萌生与扩展的晶体学特征。研究结果表明:

(1)微裂纹萌生位置主要为晶界和滑移带,以及少数杂质颗粒处。微裂纹在晶界和杂质颗粒处萌生的方式为界面脱粘。

(2)晶界两侧晶粒的取向差是影响晶界阻碍位错滑移和微裂纹穿晶扩展的重要因素。晶界对位错滑移的阻碍作用由强到弱分别为Σ3、大角晶界、小角晶界。大角晶界具有较高的势垒强度,塑性协调性较差,所以在大角晶界及其附近的滑移带中容易萌生微裂纹。在裂纹穿晶扩展过程中,大角晶界可使裂纹尖端钝化,促使裂纹尖端激活多滑移,诱发裂纹扩展路径改变,降低了裂纹扩展速率,提高了合金的断裂韧性。

(3)1060 铝合金微裂纹扩展包括连续扩展和不连续扩展两种方式,断裂面均为滑移面。其中,连续扩展沿着滑移面径直扩展,裂纹尖端发射位错数量少于不连续扩展。不连续扩展是通过裂纹尖端无位错区内纳米孔洞形成、长大,直至与主裂纹连通,其过程往往伴随有断裂面的改变,如 Z 字形裂纹。

(4)微裂纹尖端及薄化区内均存在无序区。裂纹尖端纳米孔洞在裂纹尖端钝化后的薄化区内形成。裂纹尖端钝化导致应力强度因子升高,为纳米孔洞的形成提供了驱动力,而薄化区和裂纹尖端的无序区为纳米孔洞的形成提供了空位来源。

(5)微裂纹尖端不连续发射位错,位错属性及其所在激活滑移系取决于裂纹尖端应力场,当位错从裂纹尖端发射滑移一段距离后,裂纹尖端应力场对位错运动状态的影响逐渐减弱,宏观加载应力对位错运动状态影响逐渐增强。

第5章 Al-Zn-Mg-Cu 合金微裂纹萌生与扩展的 In-situ EBSD 研究

Al-Zn-Mg-Cu 合金具有比强度高、加工性能好等优点，被广泛应用于航空航天、交通运输等领域。多尺度第二相与运动位错交互作用是该合金强度的主要来源。提高 Zn 和 Mg 元素含量可增加第二相的体积分数，从而有效提高合金强度。采用常规铸造手段的铝合金，Zn 质量含量最大为 8%。而采用喷射沉积技术，可将 Zn 质量含量提升到 12%。为重点研究多尺度第二相对合金微裂纹萌生与扩展的影响作用，本书选取了喷射沉积技术制备的 Al-Zn-Mg-Cu 合金为研究对象。

本章首先研究了喷射沉积 Al-Zn-Mg-Cu 合金的微观组织特征，然后利用 In-situ EBSD 动态研究了该合金在拉伸变形过程中的微裂纹萌生与扩展行为，重点研究了晶体取向和第二相对微裂纹萌生与扩展的影响规律，为优化 Al-Zn-Mg-Cu 合金力学性能和提高合金断裂韧性提供理论支持和技术参考。

5.1 Al-Zn-Mg-Cu 合金微观组织与织构

5.1.1 微观组织

为研究 Al-Zn-Mg-Cu 合金微裂纹萌生与扩展过程中的微观组织演变行为，首先采用 SEM 观察了 Al-Zn-Mg-Cu 合金的微观组织，如图 5-1 所示。

由图 5-1 可知，Al-Zn-Mg-Cu 合金晶粒细小，只有几微米到十几微米。存在大量第二相颗粒，尺寸大小介于几百纳米到几微米之间。图 5-1 中孔洞为第二相颗粒剥落留下的孔洞，第二相颗粒主要分布在晶界处。为确定合金基体和第二相颗粒的元素组成，对图中基体 A 和微米级第二相颗粒 B、C 和 D 进行了 EDS 定量分析，结果如表 5-1 所示。由表 5-1 可知，相比铝基体而言，第二相颗粒 B 和 D 中的 Zn 和 Mg 较多，可以暂时命名为 Mg-Zn 相；C 颗粒中富 Ni 和 Fe，可以暂时命名为富 Ni-Fe 相。

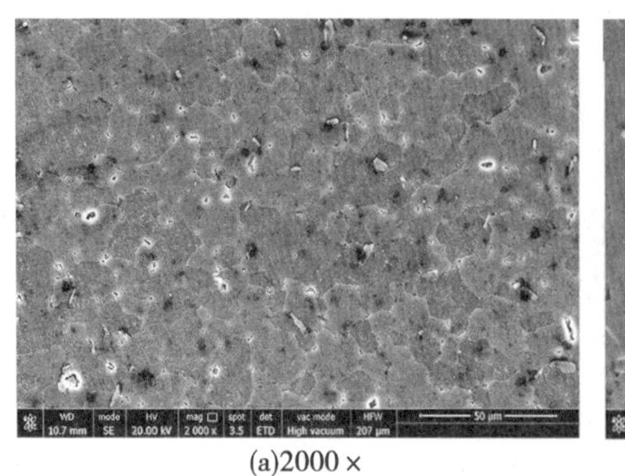

(a)2000×

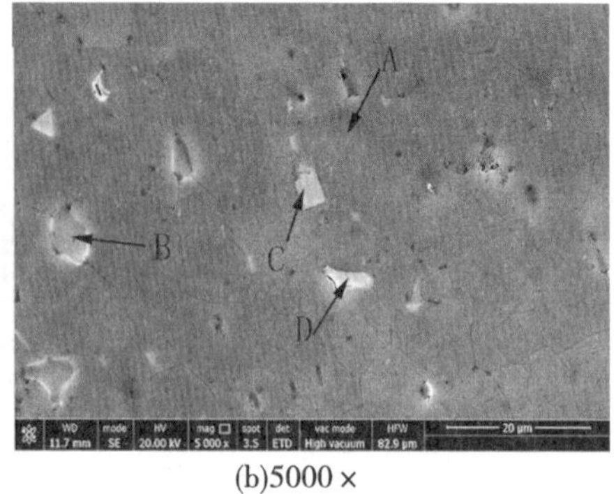

(b)5000×

图 5-1　Al-Zn-Mg-Cu 合金 SEM 图

表 5-1　图 5-1(b)中第二相的 EDS 分析结果(原子百分比)

第二相	Al	Zn	Mg	Cu	Ni	Fe
A	95.50	2.44	0.98	1.08	—	—
B	23.29	45.60	25.19	5.91	—	—
C	79.27	1.35	—	1.98	11.69	5.73
D	17.50	46.64	31.05	4.80	—	—

图 5-2(a)为 Al-Zn-Mg-Cu 合金微观组织形貌图和合金元素能谱面扫描图,图 5-2(b)~(f)为该区域的元素分布图。合金晶界上的第二相主要包括 Mg-Zn 相和富 Ni-Fe 相, Cu 元素在基体和第二相中均有分布。结果与能谱定量分析一致。

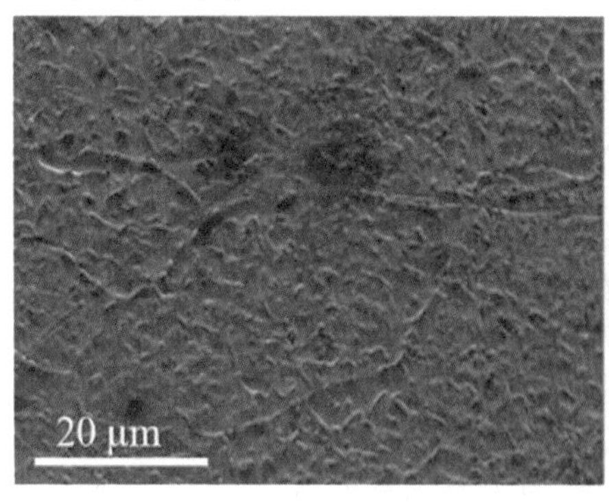

(a)SEM

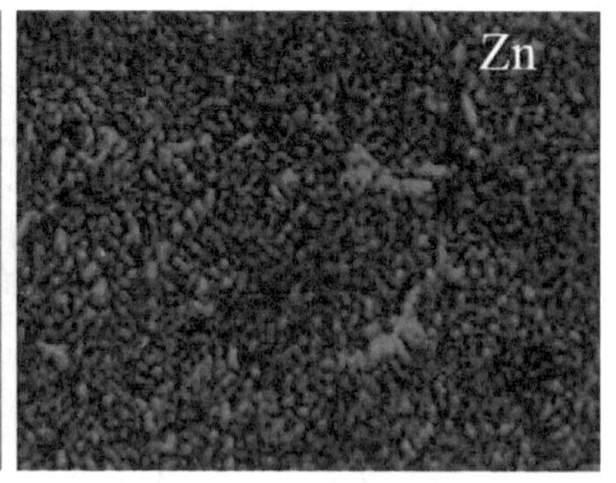

(b)Zn

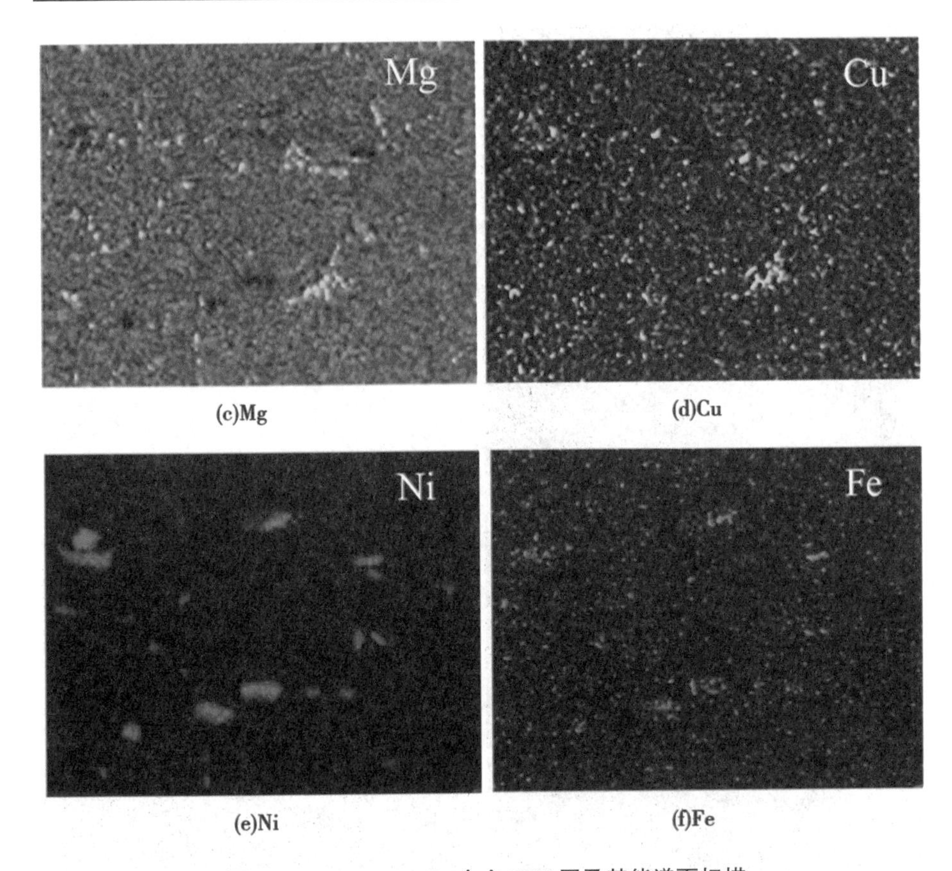

(c)Mg　(d)Cu

(e)Ni　(f)Fe

图 5-2　Al-Zn-Mg-Cu 合金 SEM 图及其能谱面扫描

由于 SEM 中能谱分析的分辨率较低,图 5-2 的实验数据只能给出合金中较大第二相颗粒的元素组成,为研究尺寸较小的第二相,本书进一步采用了 STEM 结合 EDS mapping 技术表征了合金中第二相的形貌和元素组成。图 5-3(a)为 Al-Zn-Mg-Cu 的高角环形暗场像图(High angle annular dark field, HAADF),可以看到合金晶粒内存在大量的亚微米第二相颗粒。对图中红色方框区域内的亚微米第二相颗粒进行 EDS mapping 分析,如图 5-3(c)所示,表明该颗粒为富 Mg-Zn 相,形状接近板条状,大小约 287 nm,厚度约 88 nm。图 5-3(b)为图 5-3(a)中方框区域的放大图,对图 5-3(b)中红色方框区域进行 EDS mapping 分析,结果如图 5-3(d)所示。由图可知,晶界上不连续分布着的片状第二相,大小约十几纳米到二十几纳米,厚度为几纳米,为富 Mg-Zn 相。晶内分布着 2 种细小颗粒:一种是大量弥散分布的纳米级相,另一种是 20 nm 左右的富 Zr 颗粒。

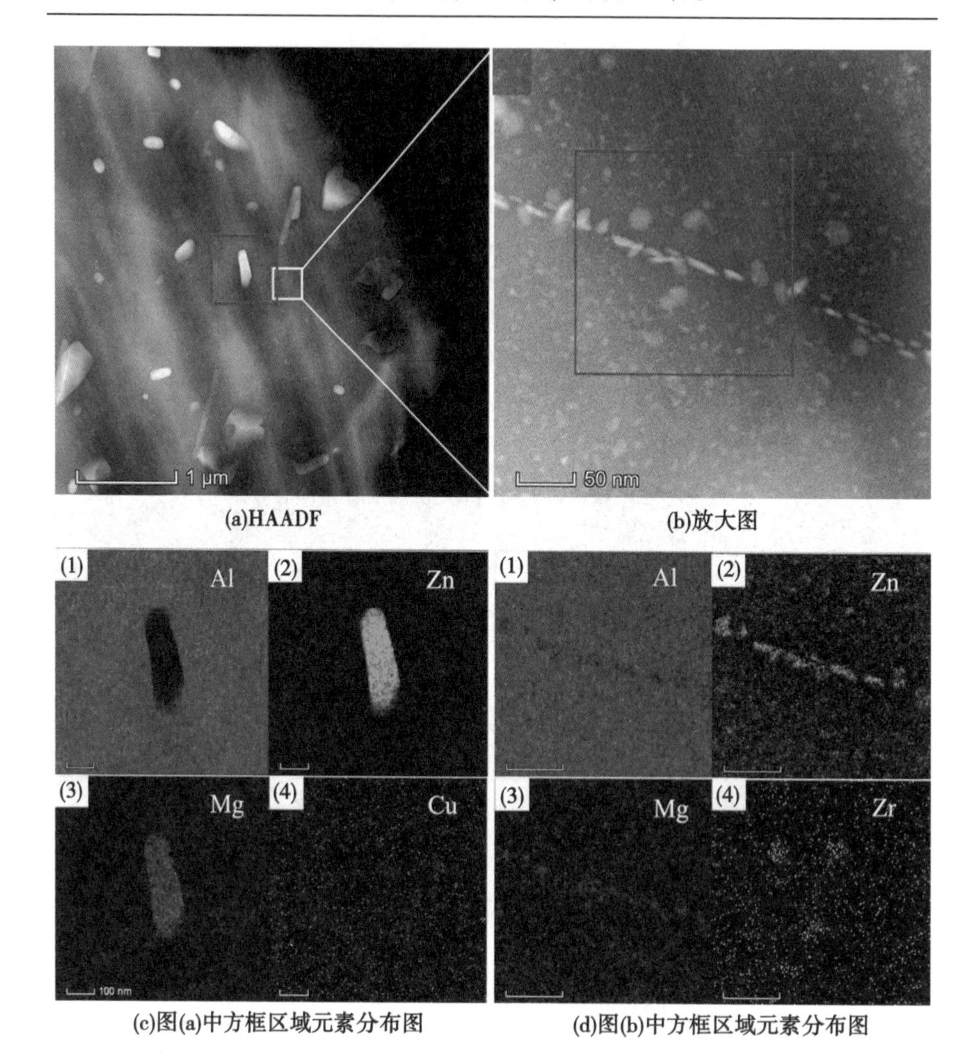

图 5-3 Al-Zn-Mg-Cu 合金微观组织及 EDS mapping 分析

查阅相关文献[122,123]可知,晶界和晶内的几十纳米到微米级富 Mg-Zn 相为 $MgZn_2$ 相。微米级 $MgZn_2$ 相属于结晶相,是在合金制备过程中直接结晶产生的。由于 Al-Zn-Mg-Cu 合金具有高达 15%的合金元素,所以在合金固溶阶段,这部分较大结晶相没有完全回溶。几十纳米的 $MgZn_2$ 相属于析出相,是在合金时效过程中析出长大的。晶内的弥散相为 η′析出相。富 Zr 相为 Al_3Zr 相,该相常被用作铝合金的弥散强化相,可阻碍位错和晶界移动[35,36]。

5.1.2　物相分析

为进一步确定上述第二相,进行了 HRTEM 分析,结果如下。

$MgZn_2$:图 5-4(a)和(b)为富 Mg-Zn 相的高分辨,图 5-4(c)为傅里叶变换,通过标定,该相为 $MgZn_2$,高分辨图的观察方向为 $MgZn_2$ 的<$14\bar{5}1$>晶带轴。Cu 元素一般以置换方式固溶到该相中,不改变相的晶型结构。

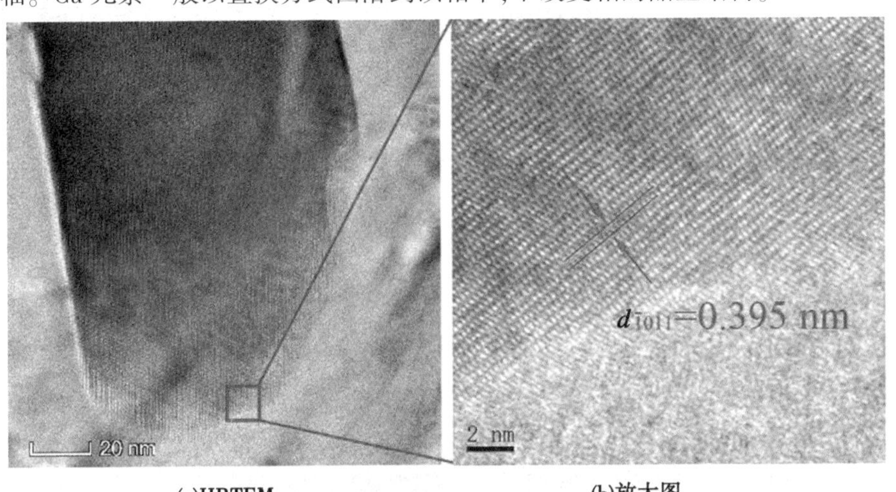

(a)HRTEM　　(b)放大图

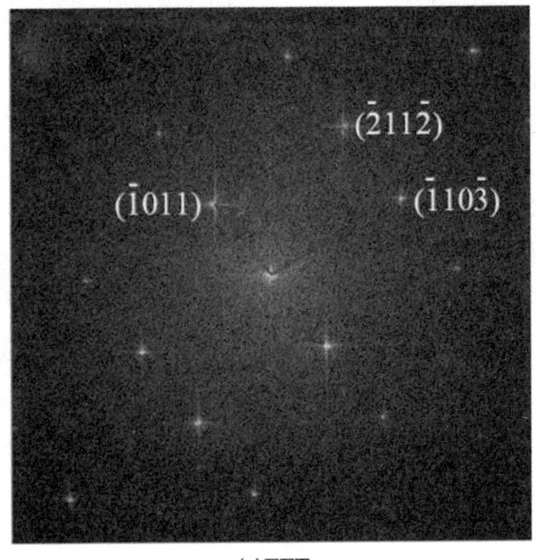

(c)FFT

图 5-4　$MgZn_2$ 的高分辨图和傅里叶变换

Al_3Zr 和 η′析出相:图 5-5(a)为 Al-Zn-Mg-Cu 合金明场像,合金中有大

量弥散分布的纳米析出相,通过选区电子衍射图[见图 5-5(b)]可知,第二相为 Al_3Zr 和 η′析出相。Al_3Zr 相与基体完全共格,Al 基体的(001)和(110)晶面由于系统消光,不产生衍射。Al_3Zr 相的(001)和(110)晶面不发生系统消光,其衍射位于 Al 基体(002)和(220)的 1/2 处,如图 5-5(b)中箭头所示。图 5-5(c)为 Al_3Zr 相的高分辨,其与基体完全共格,红色虚线为相界面。

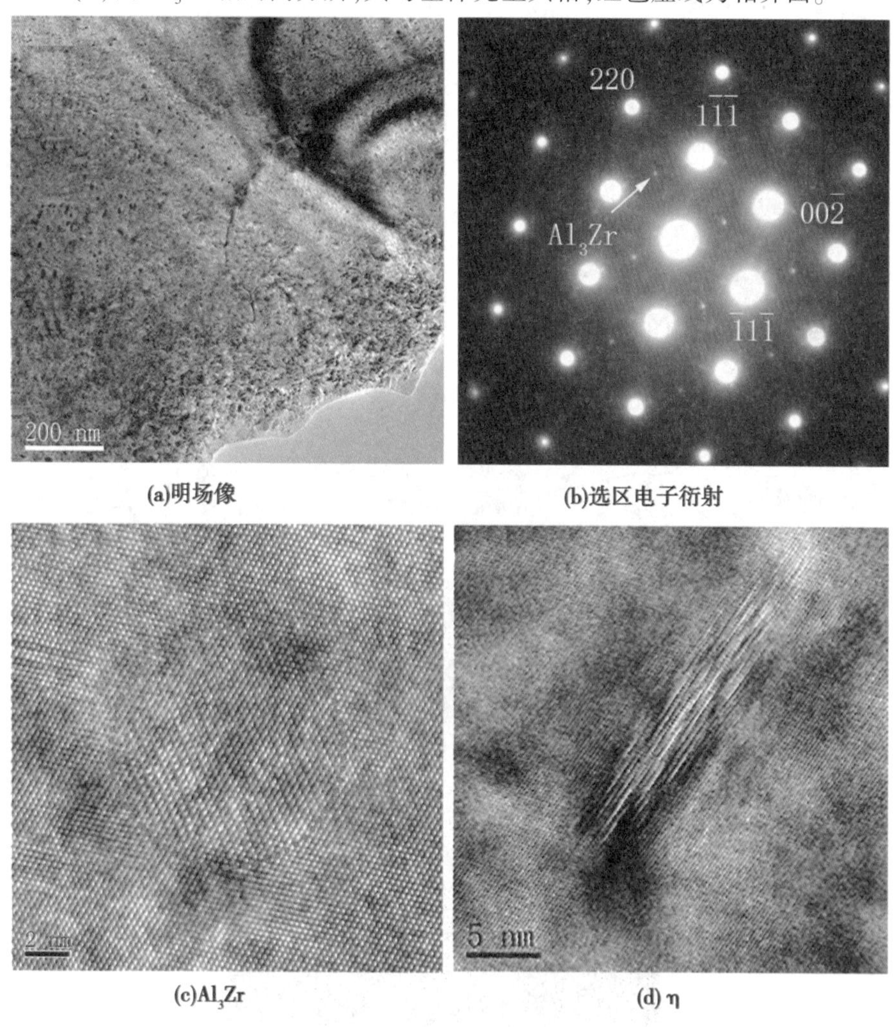

(a)明场像　(b)选区电子衍射

(c)Al_3Zr　(d) η

图 5-5　Al-Zn-Mg-Cu 合金晶内纳米颗粒形貌

η′析出相为 Al-Zn-Mg-Cu 合金的主要强化相,也是 $MgZn_2$ 相的前驱体,具有和 $MgZn_2$ 相相同的晶体结构,空间群为 P63/mmc,晶格参数为 $a=0.496$

nm，$c=1.40$ nm。由于 η′析出相和铝基体具有严格的位向关系：$(10\bar{1}0)_{\eta'}//(110)_{Al}$，$(0001)_{\eta'}//(111)_{Al}$，$(\bar{1}\ \bar{1}20)_{\eta'}//(112)_{Al}$，所以片状（也有称为圆盘状）η′析出相在不同观察方向下的形貌是不一样的。通常通过衍射花样和形貌共同判定 η′析出相。在选区衍射花样中，η′析出相的衍射位于$(220)_{Al}$的 1/3 和 2/3 处，如图 5-5(b)所示。图 5-5(d)为 η′析出相的高分辨，其与基体半共格，呈片状，大小约 15 nm，厚度约 5 nm。

由于面心立方结构的铝基体具有 4 个等价的{111}面，根据 η′析出相和铝基体的位向关系，可将 η′析出相分为 4 种变体[122,123]，如表 5-2 所示。图 5-6(a)为 4 种 η′相变体的高分辨图，说明合金中 4 种变体都存在。

表 5-2　4 种变体与 Al 基体的取向关系

变体	取向关系
V1	$(2\bar{4}23)_{\eta'}//(110)_{Al}$；$(\bar{1}2\bar{1}0)_{\eta'}//(\bar{1}\bar{1}2)_{Al}$；$(0001)_{\eta'}//(111)_{Al}$
V2	$(\bar{2}4\bar{2}3)_{\eta'}//(110)_{Al}$；$(\bar{1}2\bar{1}0)_{\eta'}//(112)_{Al}$；$(0001)_{\eta'}//(11\bar{1})_{Al}$
V3	$(10\bar{1}0)_{\eta'}//(110)_{Al}$；$(\bar{1}\ \bar{2}0)_{\eta'}//(\bar{1}\bar{1}2)_{Al}$；$(0001)_{\eta'}//(\bar{1}11)_{Al}$
V4	$(1\bar{0}0)_{\eta'}//(110)_{Al}$；$(\bar{1}2\bar{1}0)_{\eta'}//(\bar{1}12)_{Al}$；$(0001)_{\eta'}//(1\bar{1}1)_{Al}$

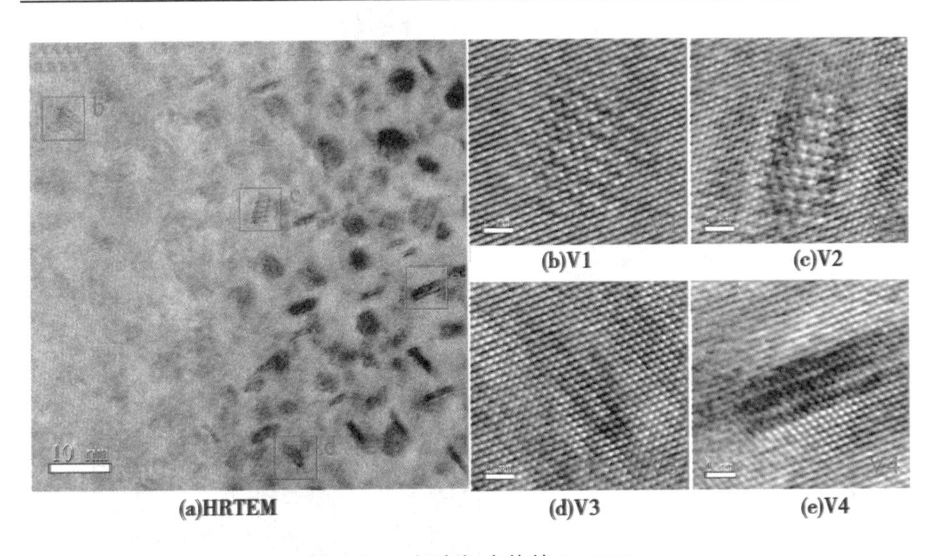

图 5-6　η′析出相变体的 HRTEM

实验中，发现了一种未见文献报道的 η′-Al_3Zr 核壳颗粒，其 HRTEM 如图 5-7 所示，其傅里叶变换图位于图 5-7(b)左下角。说明图 5-7(a)中 η′析出

相和 Al_3Zr 同时存在。利用傅里叶变换中 Al_3Zr 的衍射(插图中圆圈所示)作反傅里叶变换得到图 5-7(b),表明图 5-7(a)中蓝色线包围的是 Al_3Zr 颗粒。

根据 Kverneland[124] 提出的 η′相结构模型 model II,模拟了 4 种变体和 Al_3Zr 在<110>$_{Al}$ 晶带轴下的电子衍射花样,如图 5-7(c)所示。图中 η′相变体 V1 和 V2 具有相同的衍射花样,用红色代表;V3 的衍射斑点用绿色表示;V4 的衍射斑点用亮绿色表示;Al_3Zr 的衍射斑点用蓝色表示;铝基体的衍射斑点用黑色表示。模拟图和实验得到的衍射花样基本一致,进一步说明图 5-7(a)中存在不同变体的 η′相。分别对图 5-7(a)中方框区域 d~f 做傅里叶变换得到图 5-7(d),发现图中 d~f 区域分别对应着 Al_3Zr、V1(或 V2)、V3 和 V4。由此可以说明,Al_3Zr 颗粒被 η′析出相包围,形成了一种新型的核壳结构。

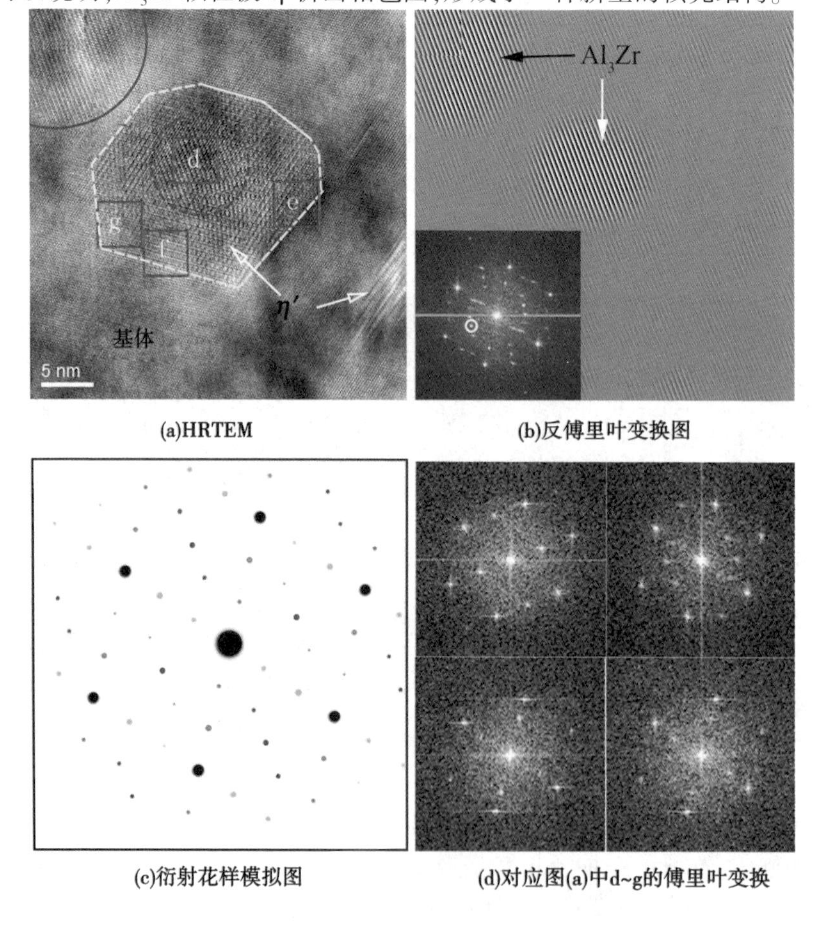

(a)HRTEM　(b)反傅里叶变换图

(c)衍射花样模拟图　(d)对应图(a)中d~g的傅里叶变换

图 5-7　一种新型的核壳颗粒

通常,能够形成核壳结构的两相具有相同的晶体结构,而本书研究中的 Al_3Zr 颗粒具有立方结构,η′析出相具有密排六方结构。这种两相不同晶体结构的核壳颗粒鲜有报道。观察到这种核壳颗粒可能有以下原因:首先,有研究表明[125-127],在某些铝合金中,Al_3Zr 相可以和其他相形成核壳颗粒,说明 Al_3Zr 相与 Al 基体的共格界面可以为其他析出相提供形核动力和形核基底。其次,η′析出相属于过渡亚稳相,其晶体结构不稳定,且与 Al_3Zr 相有半共格关系,为形成核壳颗粒提供了晶体结构上接近的可能性。最后,实验中观察到的核壳结构为二维图像信息,而实际核壳颗粒是空间体,有可能本书研究中观察到的 η′-Al_3Zr 核壳颗粒只是 η′析出相包覆了 Al_3Zr 颗粒的某些特定晶面,并没有完全将 Al_3Zr 颗粒完全包覆,仍存在部分 Al_3Zr 与基体直接接触。

$Al_9Fe_{0.7}Ni_{1.3}$ 相: Al-Zn-Mg-Cu 合金中还发现了大量亚微米和微米级的富 Ni-Fe 相,经查阅相关文献[128, 129]和 HRTEM 标定,该相为 $Al_9Fe_{0.7}Ni_{1.3}$,空间群为 $P2_1/3$,晶格参数为 $a=0.62$ nm,$b=0.63$ nm,$c=0.86$ nm,$\beta=95.129°$。该相在合金制备过程中产生,属于结晶相。图 5-8(a)为 $Al_9Fe_{0.7}Ni_{1.3}$ 颗粒形貌像,图 5-8(b)~(d)及其右下角插图分别为 $Al_9Fe_{0.7}Ni_{1.3}$ 相[110]、[112]和[010]晶带轴的高分辨图和标定后的傅里叶变换图。

通过以上分析可以确定,Al-Zn-Mg-Cu 合金存在多尺度第二相颗粒,包括亚微米级、微米级的 $Al_9Fe_{0.7}Ni_{1.3}$ 和 $MgZn_2$ 结晶相,几十纳米的 $MgZn_2$ 析出相,几纳米到十几纳米的 Al_3Zr 弥散相,以及几纳米的 η′析出相。

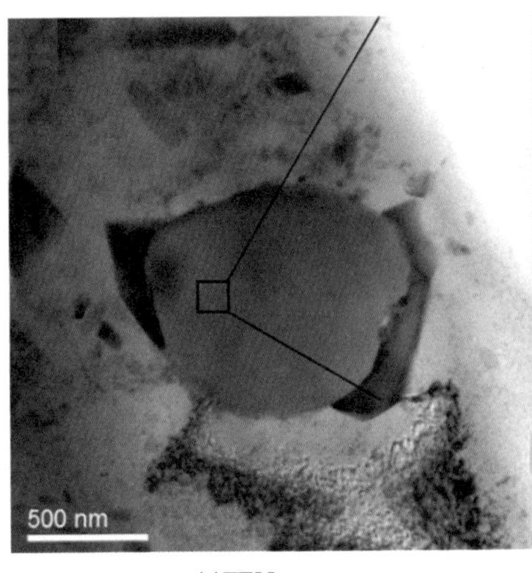

(a)TEM

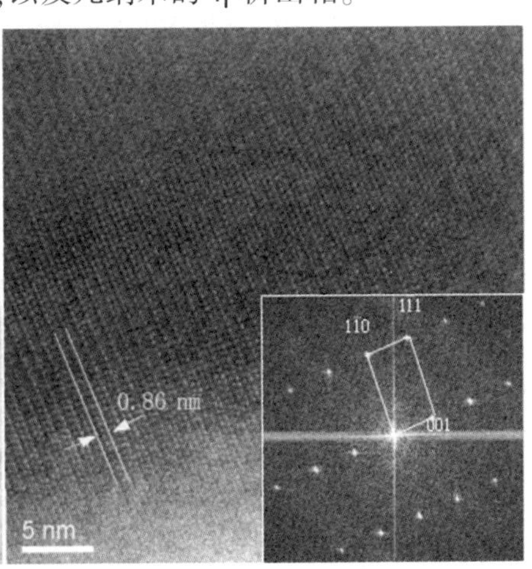

(b)[110]晶带轴的HRTEM

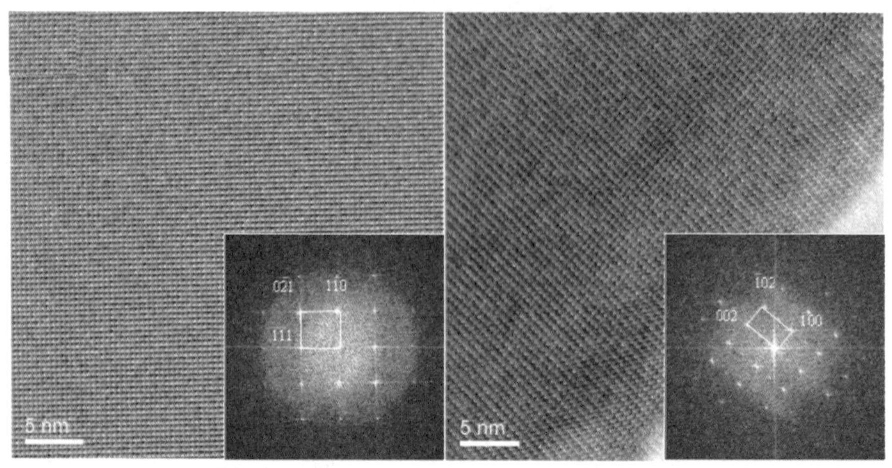

(c)[112]晶带轴的HRTEM　　(d)[010]晶带轴的HRTEM

图 5-8　$Al_9Fe_{0.7}Ni_{1.3}$ 颗粒

5.1.3　织构分析

图 5-9(a)为 Al-Zn-Mg-Cu 合金平行于轧向的取向分布图,取向标定率为 91.33%,经过降噪处理。图中黑色未标定区域为第二相所在位置。图 5-9(b)和(c)为合金的{001}和{111}极图。由图可知,Al-Zn-Mg-Cu 合金具有强烈的<001>和<111>丝织构。取向分布图表明,合金主要由红色的取向为<001>的晶粒簇和蓝色的取向为<111>的晶粒簇组成。

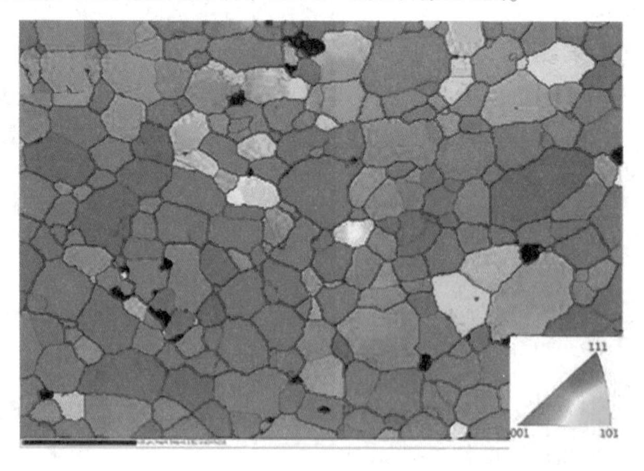

(a)EBSD

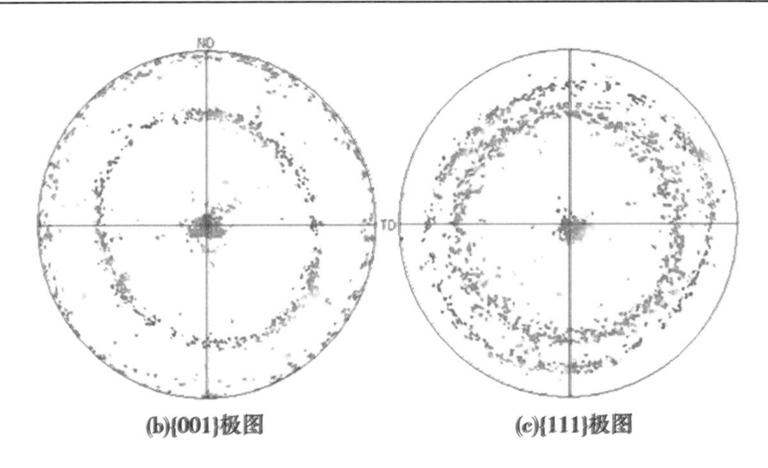

图 5-9　Al-Zn-Mg-Cu 合金的织构

图 5-10(a)给出了 Al-Zn-Mg-Cu 合金的晶粒尺寸图,统计晶粒总数为 204 个,平均晶粒尺寸为 6.38 μm。图 5-10(b)为 Al-Zn-Mg-Cu 合金的取向差角分布图,统计方式为非相关方式,统计像素总数 8 946 个。Al-Zn-Mg-Cu 合金中晶粒间的小角晶界居多,晶粒间取向差在 55°附近有集中;大于 45°的大角晶界和小于 10°的小角晶界各占 38.7%和 37.8%。这是由于合金主要由两类晶粒簇组成,晶粒簇之间为大角度取向差,而晶粒簇内各晶粒之间主要为小角度取向差。

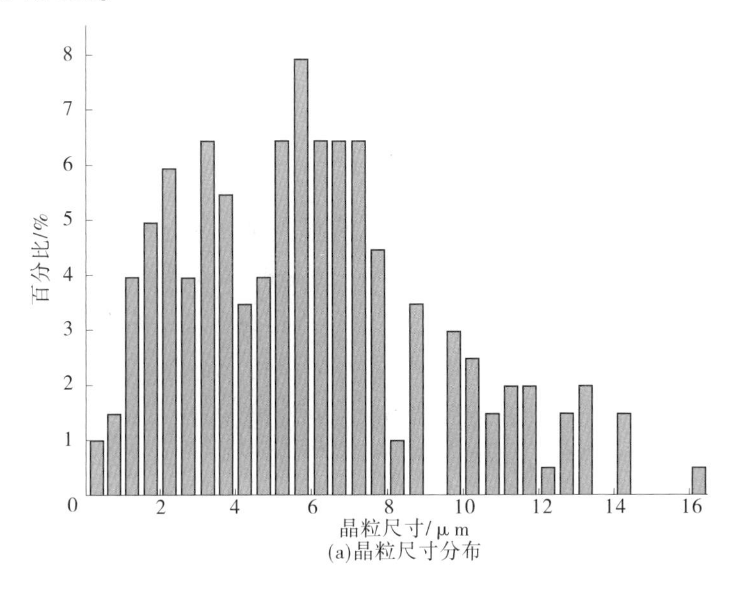

(a)晶粒尺寸分布

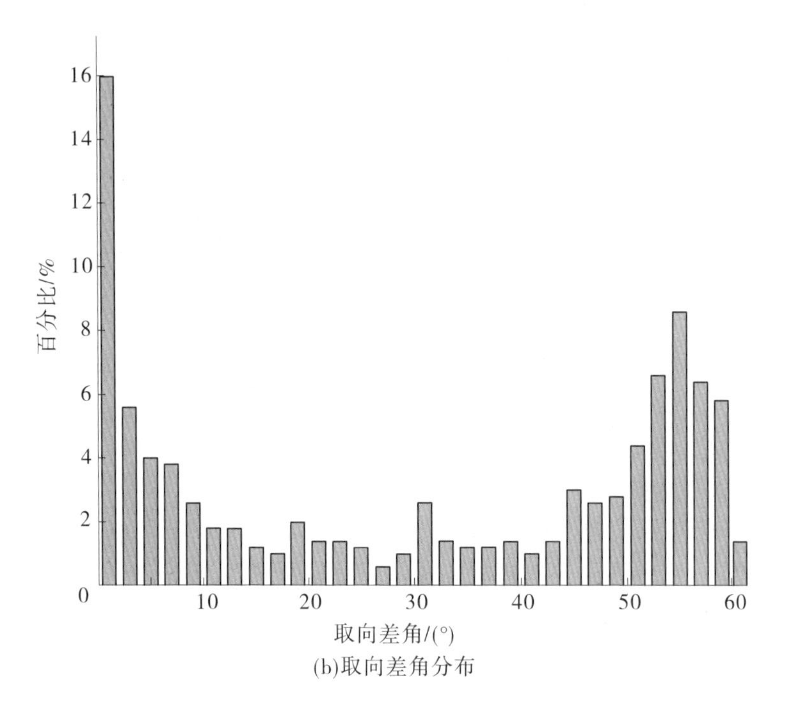

(b)取向差角分布

图 5-10　Al-Zn-Mg-Cu 合金的晶粒尺寸和取向差角分布

图 5-11(a)为 Al-Zn-Mg-Cu 合金 EBSD 样品的表面形貌,图 5-11(b)为同一区域的部分合金元素分布图,标尺如图 5-11(a)左下角所示。由图可知,$Al_9Fe_{0.7}Ni_{1.3}$ 相表面为平面状(黑色箭头所示),与样品表面平行,而 $MgZn_2$ 则呈现出凸起的钉子形状(白色箭头所示)。这是由于两相的腐蚀速率不同,$Al_9Fe_{0.7}Ni_{1.3}$ 相和基体的腐蚀速率接近,均比 $MgZn_2$ 快,所以 $Al_9Fe_{0.7}Ni_{1.3}$ 相和基体优先腐蚀。图 5-11(c)、(d)为同一区域的取向图和相分布图,未标定的黑色区域为 $MgZn_2$ 所处位置。这是由于凸起的 $MgZn_2$ 的衍射信号难以投影到 EBSD 接收屏幕上,造成 EBSD 无法标定该相。而基体和 $Al_9Fe_{0.7}Ni_{1.3}$ 相都可以被标定,在图 5-11(d)中分别用黄色和红色表示。

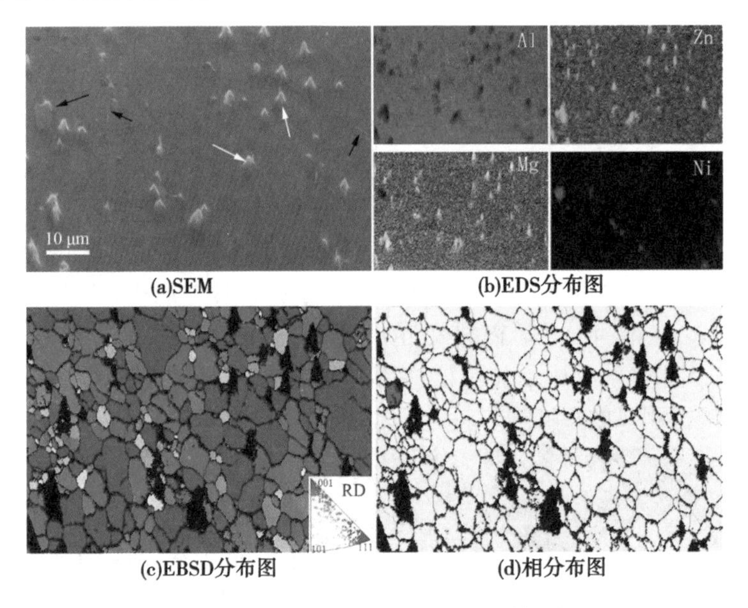

图 5-11　Al-Zn-Mg-Cu 合金中的第二相

5.2　Al-Zn-Mg-Cu 合金的 In-situ EBSD 观察

图 5-12 为 Al-Zn-Mg-Cu 合金在 In-situ EBSD 实验得到的拉伸曲线图。EBSD 信息采集分别在变形量为 0、4.1%和 7.0%时进行。

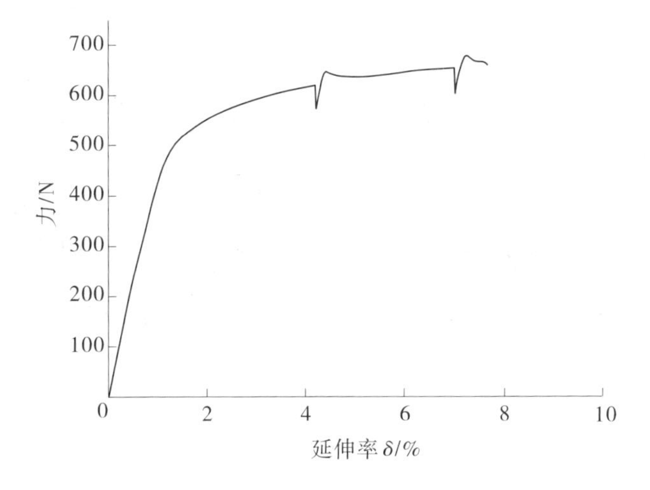

图 5-12　Al-Zn-Mg-Cu 合金 In-situ EBSD 拉伸曲线

图 5-13(a)和(b)分别为 Al-Zn-Mg-Cu 合金在变形量为 0 时的微观组织形貌图和相分布图,拉伸方向为水平方向。图中红色的为 $Al_9Fe_{0.7}Ni_{1.3}$ 相,黄色的为铝基体,黑色的未标定颗粒为 $MgZn_2$ 相。由于合金具有强烈的丝织构,当采用平行于轧向的晶向表示晶粒取向时,渲染晶粒的颜色比较接近红色或蓝色[见图 5-11(c)],难以清晰显示晶粒取向转动的细微变化。所以,为考察变形开裂前后裂纹周围晶粒的取向转动行为,采用垂直于轧向的晶向表示晶粒取向。变形量为 0 和 7.0%的取向分布分别如图 5-13(c)、(d)所示。由图可知,Al-Zn-Mg-Cu 合金微裂纹萌生于第二相处,主要沿晶界扩展,有少量穿晶扩展(图中黑箭头所示晶粒)。裂纹周围的晶粒取向无明显变化,说明视野内没有经过明显的塑性变形就已经开裂。

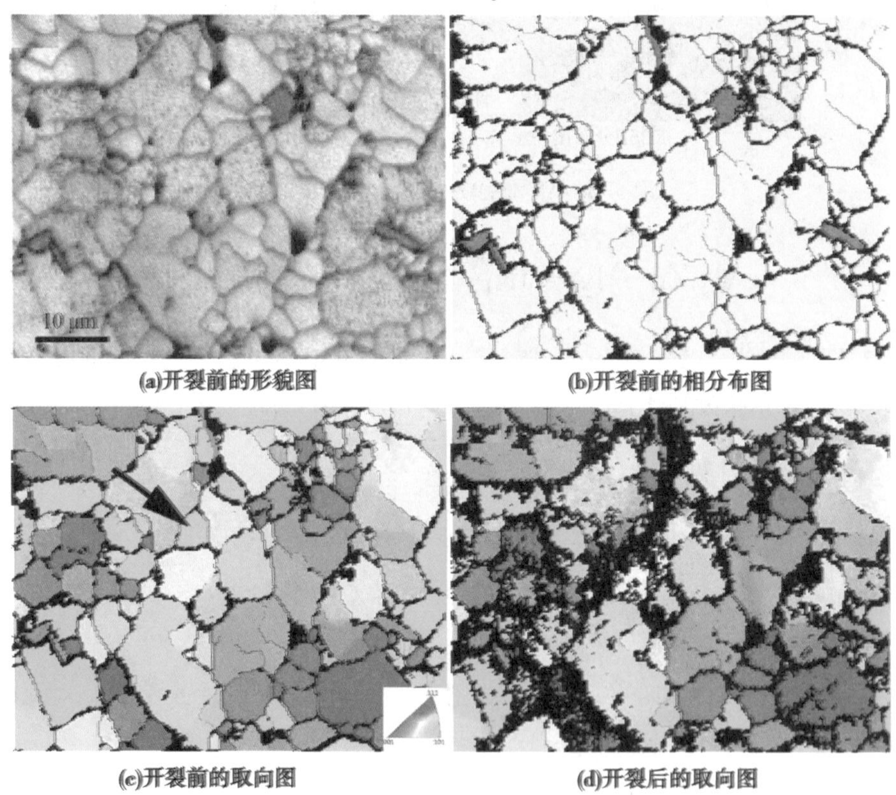

(a)开裂前的形貌图　(b)开裂前的相分布图

(c)开裂前的取向图　(d)开裂后的取向图

图 5-13　开裂前后的取向变化

图 5-14 为 Al-Zn-Mg-Cu 合金在不同变形量下的系列 EBSD 图,与图 5-13 为同一位置。为考察初始取向对裂纹萌生扩展的影响,选用平行于轧

向的三色取向分布表示晶粒取向，图 5-14(a)~(c)分别为变形量为 0、4.1%、7.0%的取向分布图，(d)~(f)分别为对应变形量下的 Schmid 因子图，从蓝色到红色表示 Schmid 因子值从 0.35 到 0.5，如图 5-14(f)中图例所示。由图可知，当变形量为 4.1%时，裂纹在 $Al_9Fe_{0.7}Ni_{1.3}$ 相处萌生(图中白箭头所示)；当变形量为 7.0%时，裂纹扩展至视野的下部边缘。同时，还可以发现在整个变形过程中晶粒的 Schmid 因子变化不大，说明晶体没有发生明显转动，这与图 5-13 得到的结果是一致的。同时，通过观察裂纹扩展路径可以发现，<001>晶粒簇对裂纹具有阻碍作用，使裂纹扩展方向发生偏转。裂纹主要沿着<111>晶粒簇内的晶界或<111>晶粒簇和<001>晶粒簇的界面(晶界)扩展。

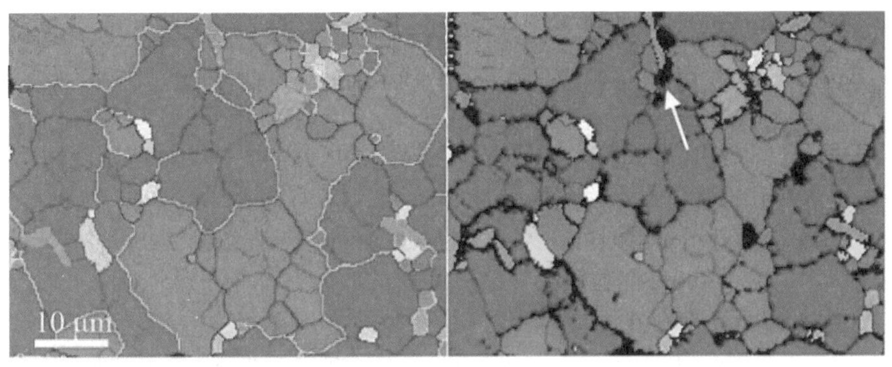

(a)变形量为0时的取向图　　(b)变形量为4.1%时的取向图

(c)变形量7.0%时的取向图　　(d)对应图(a)的Schmid因子图

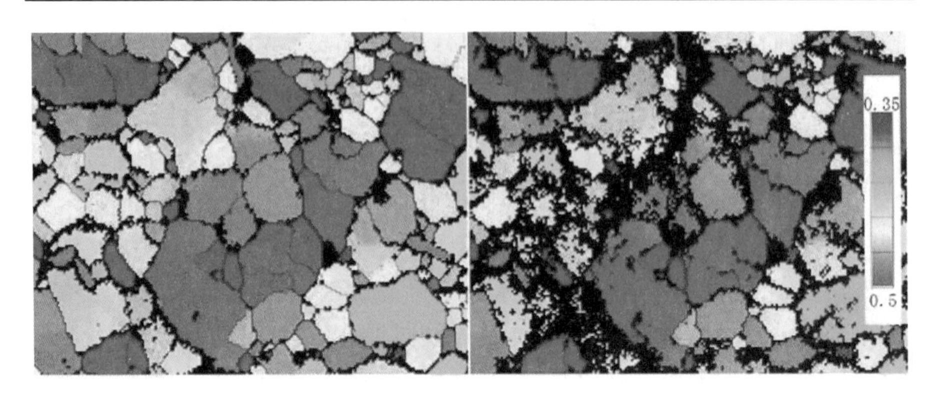

(e)对应图(b)的Schmid因子图　　(f)对应图(c)的Schmid图子图

图 5-14　Al-Zn-Mg-Cu 合金 In-situ EBSD 系列图

另外,图 5-14(a)和(d)中还叠加了晶界,为区分晶界特征,将取向差小于10°的晶界用细黑线表示,大于 10°且小于 45°的晶界用粗黑线表示,大于 45°的晶界用绿线表示。由图可知,<001>晶粒簇和<111>晶粒簇之间的晶界取向差都大于 45°。<001>晶粒簇内各晶粒之间的取向差都小于 45°,而<111>晶粒簇内 3 种晶界都存在。值得注意的是,裂纹扩展路径主要沿取向差大于45°的晶界扩展。在图 5-14(d)中,<001>晶粒簇内晶粒的 Schmid 因子大部分比较接近,平均值为 0.47,<111>晶粒簇晶粒的 Schmid 因子波动较大,平均值只有 0.44。说明在当前应力加载方向下,<001>晶粒簇内的晶粒取向更"软",更容易变形;而<111>晶粒簇中的晶粒有的处于软取向,有的处于硬取向。同时,<111>晶粒簇的 Schmid 因子波动大,也进一步说明晶粒簇内晶粒的取向分布比较分散。

图 5-15 为不同变形量下的取向差角分布图。当变形量为 0 时,小角晶界占全部晶界的 70.1%;当变形量为 4.1%时,小角晶界有 72.9%;当变形量为7.0%时,小角晶界有 91.9%。说明随着变形量增大,合金中的小角晶界不断增多。而从非相关取向差角分布可以看出,大角晶界分布固定,总量没有明显变化。

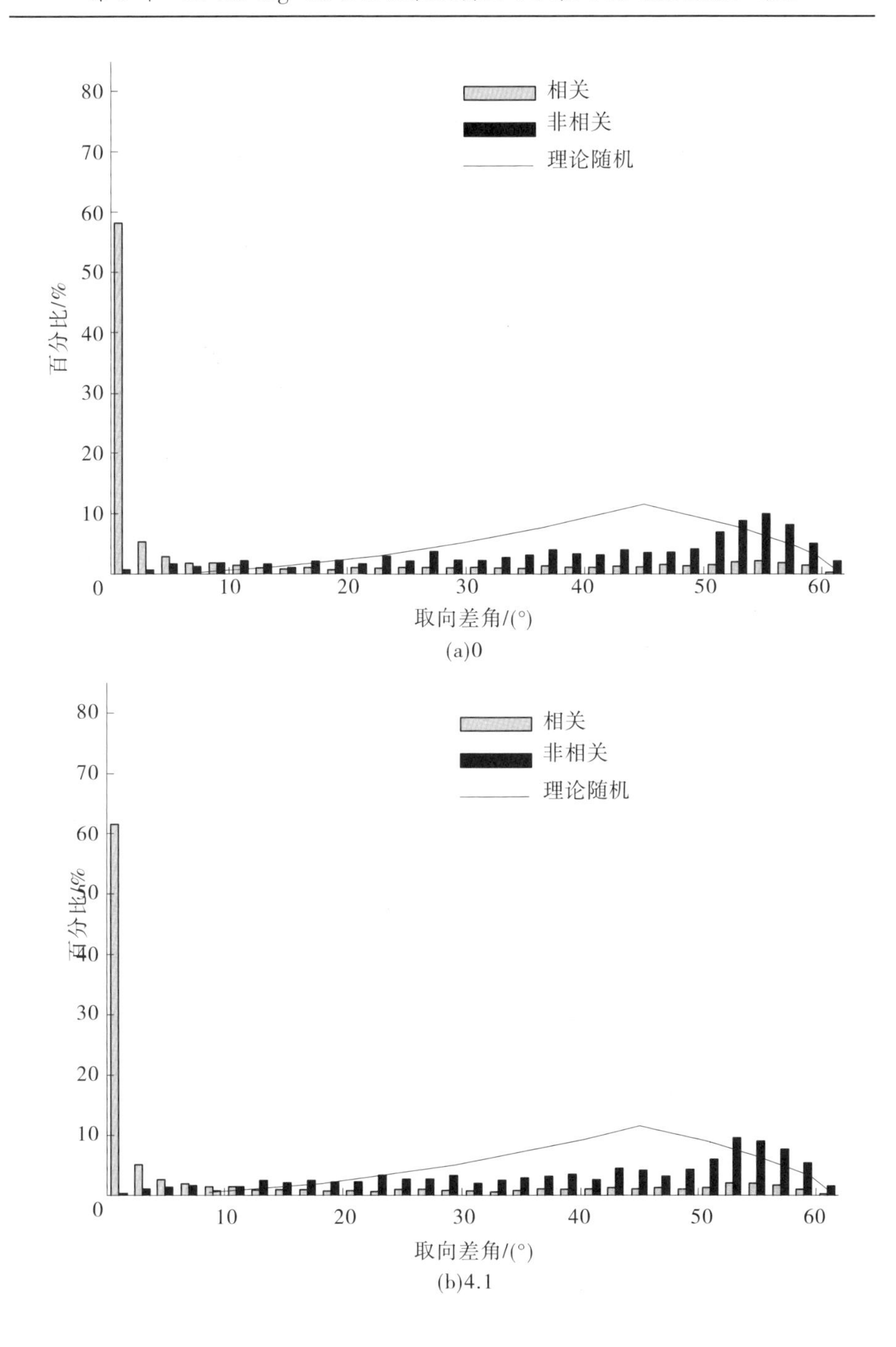

相关
非相关
理论随机
百分比/%
80
70
60
50
40
30
20
10
0
10
20
30
40
50
60
取向差角/(°)

(a)0

相关
非相关
理论随机
百分比/%
80
70
60
50
40
30
20
10
0
10
20
30
40
50
60
取向差角/(°)

(b)4.1

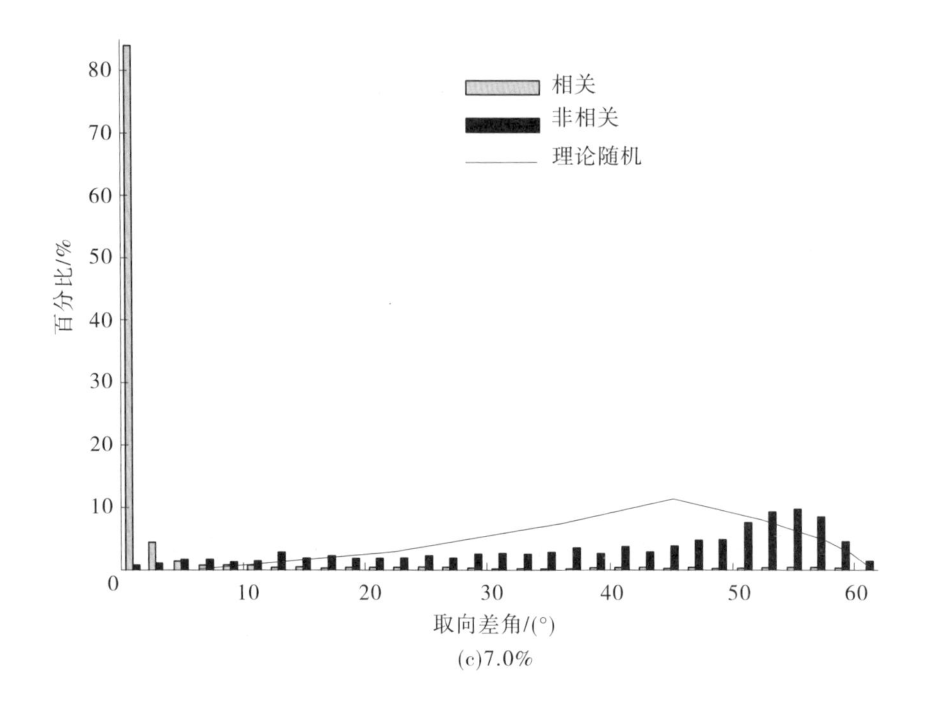

(c)7.0%

图 5-15　不同变形量下的取向差角分布图

图 5-16 为不同晶粒簇在不同变形量下的取向差角分布图，统计方式为相关取向差。由图 5-16 可知，同一晶粒簇内各晶粒间的取向差以小角度为主。<001>晶粒簇在变形量为 0 时，小角晶界（小于 10°）占 95.6%；变形量为 4.1%时，小角晶界占 97.3%，上升了 1.7%。<111>晶粒簇在变形量为 0 时，小角晶界占 89.0%；变形量为 4.1%时，小角晶界占 89.2%，上升了 0.2%。对比相同变形量下不同晶粒簇的小角晶界含量，说明<001>晶粒簇内晶粒的取向更为接近，具有更多的小角晶界；而<111>晶粒簇内晶粒的取向更为分散，具有更多的大角晶界。同时，对比上述同一晶粒簇在不同变形量下的小角晶界含量变化，说明在当前应力加载方向下，<001>晶粒簇处于更有利的“软”取向，发生了更大的变形。这些结果与图 5-14 的得到的分析结果一致。

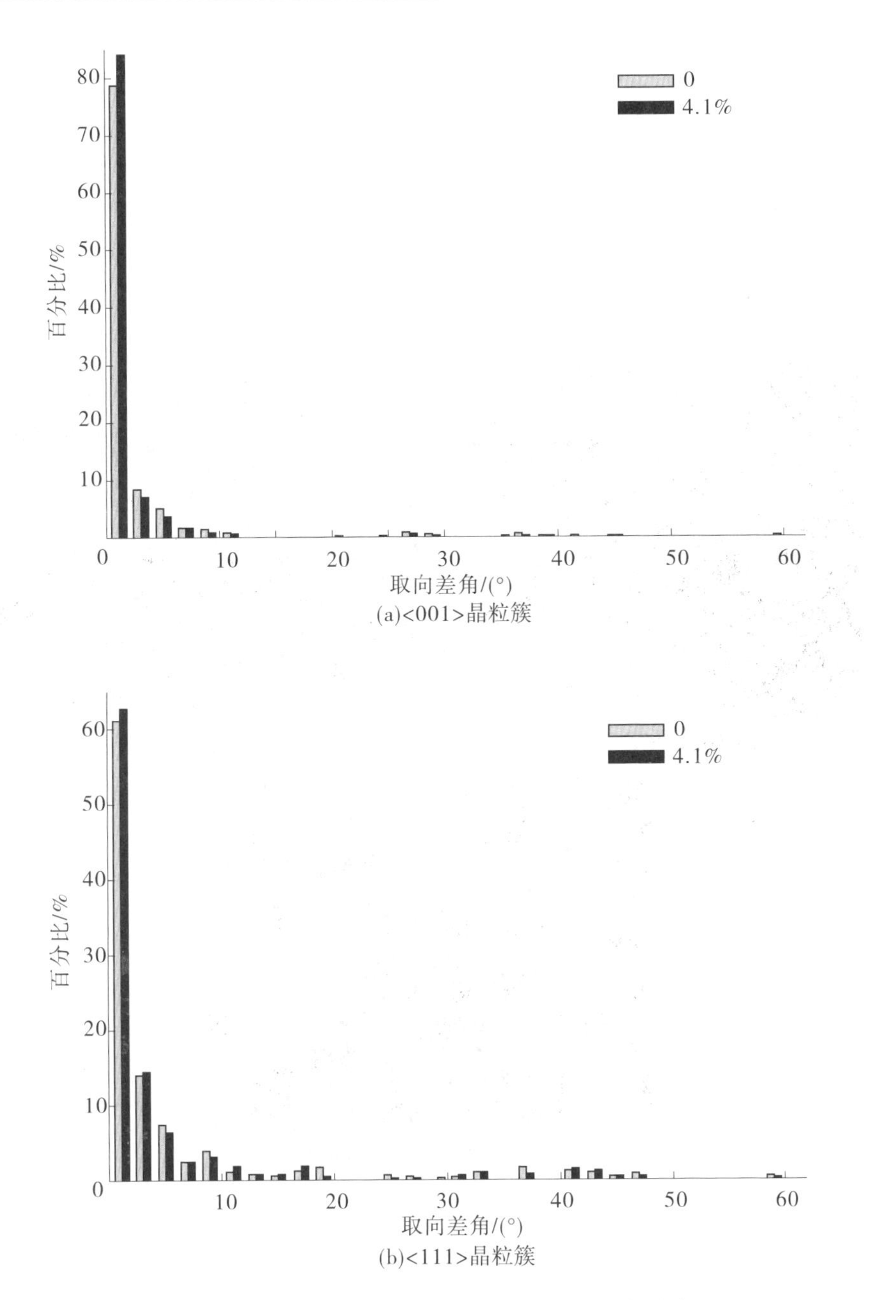

图 5-16　不同晶粒簇在不同变形量下的取向差角分布

图 5-17(a)和(b)为另外一个区域在变形开裂前平行于轧向的取向分布图和相分布图。在图片靠近中心位置存在 2 个长条状且相互接触的 $Al_9Fe_{0.7}Ni_{1.3}$ 相(图中黑箭头所示),且其下方和上方存在未标定的 $MgZn_2$ 相(图中白箭头所示)。图 5-17(c)为开裂后的取向分布图,主裂纹尖端位置如图中白箭头所示,表明在主裂纹未扩展至第二相颗粒时,第二相早就先与基体脱粘,形成微裂纹,随着应力继续加载,该微裂纹与主裂纹合并,这也是合金裂纹扩展的主要方式。

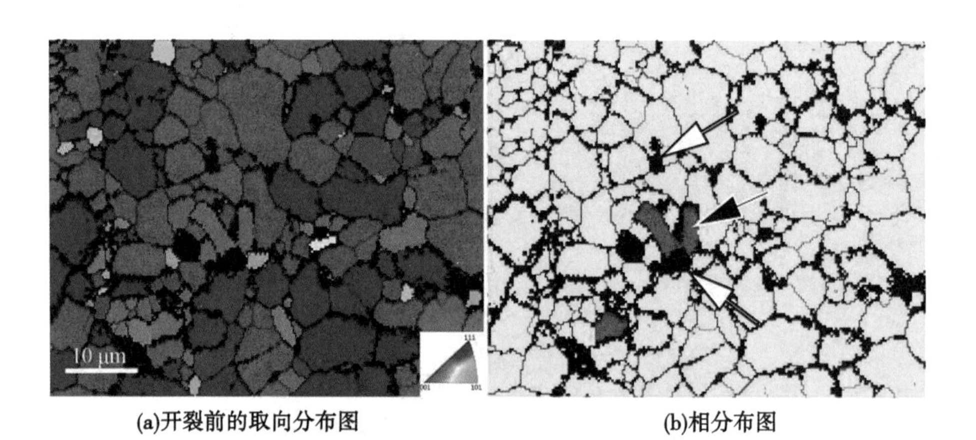

(a)开裂前的取向分布图　　(b)相分布图

(c)开裂后的取向分布图

图 5-17　第二相诱发裂纹萌生

图 5-18 给出了更大视野下的裂纹扩展路径,从图中可以发现与前面描述一致的裂纹扩展规律,裂纹主要沿着<111>晶粒簇内的晶界或<001>晶粒簇和<111>晶粒簇之间的晶界扩展。

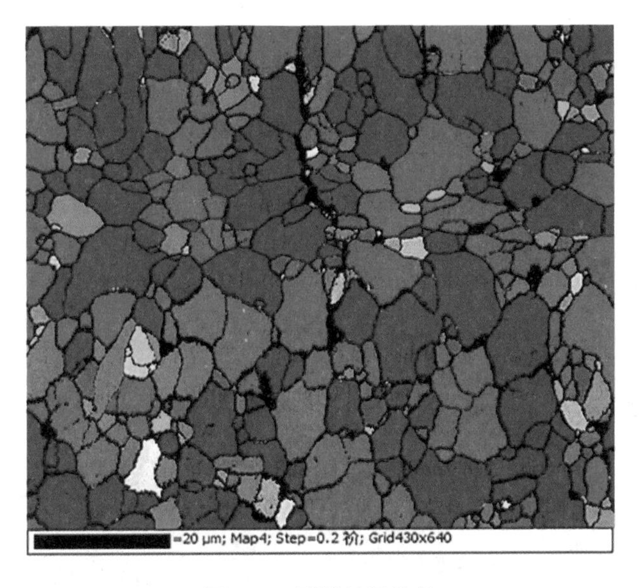

图 5-18　裂纹扩展路径

为更清楚地说明第二相颗粒在裂纹萌生与扩展过程中的作用，图 5-19 给出了变形开裂后主裂纹附近的组织形貌。由图 5-19(a)可知，微裂纹在第二相处萌生，第二相颗粒尺寸对微裂纹萌生有明显作用，大颗粒开裂的概率明显大于较小颗粒开裂的概率。此外，根据这些微裂纹特点，可以将图中微裂纹萌生方式分为两种：第一种为第二相与基体脱粘引起的微裂纹萌生，如图 5-19(b)所示，图中央较亮的不规则的第二相为 $MgZn_2$ 相，$MgZn_2$ 相半包围的表面平整的第二相是 $Al_9Fe_{0.7}Ni_{1.3}$ 相。由于这两种第二相都与基体脱粘，诱发了微裂纹萌生。第二种是第二相断裂诱发微裂纹，如图 5-19(c)所示，位于图上方的较亮的不规则的 $MgZn_2$ 相和位于图片下方的 $Al_9Fe_{0.7}Ni_{1.3}$ 相均发生内部断裂。这些微裂纹周围存在明显塑性变形[见图 5-19(b)、(c)]中白色箭头所指区域]，而远离裂纹的基体内未见明显塑性变形痕迹。图 5-19(d)为主裂纹尖端的组织形貌，主裂纹上分布着大量第二相，在主裂纹右侧的二次裂纹也是在第二相处萌生，且已经向基体扩展。说明主裂纹是第二相处产生的微裂纹相互连通形成的。

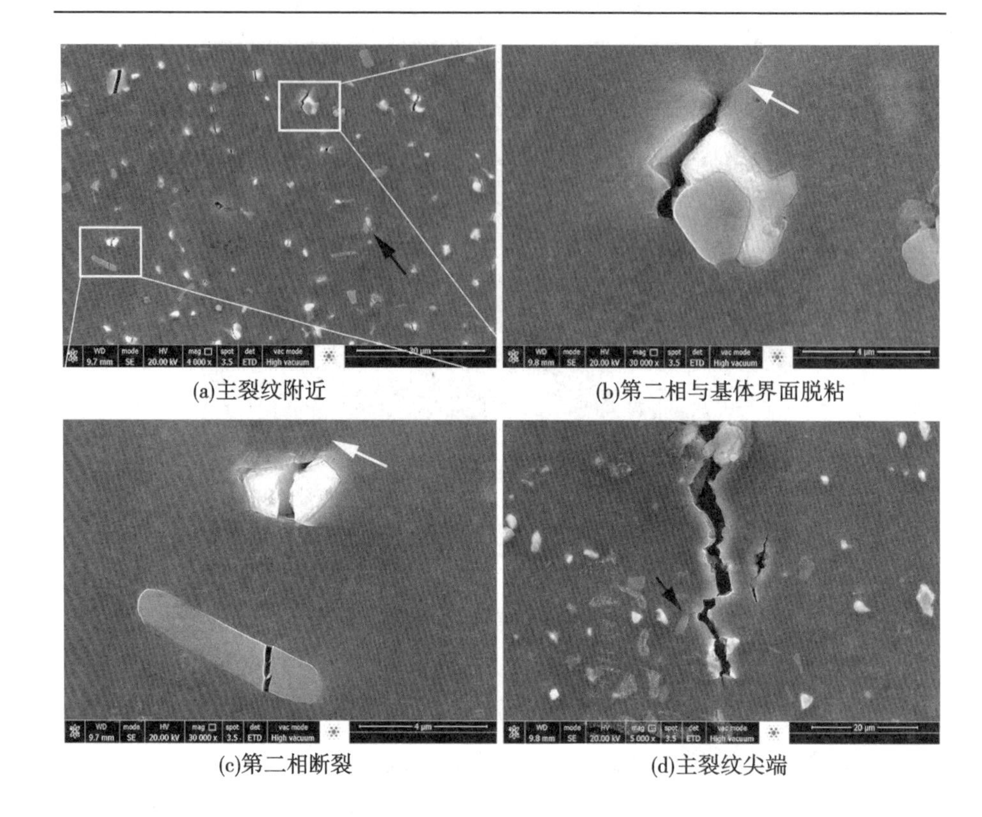

(a)主裂纹附近 (b)第二相与基体界面脱粘

(c)第二相断裂 (d)主裂纹尖端

图 5-19 主裂纹附近的微观组织形貌

5.3 分析与讨论

5.3.1 晶粒簇的 Schmid 因子分析

在样品坐标系 RD－ND－TD 中,对于任一晶体取向或板织构(*HKL*) [*UVW*],表示样品表面平行于(*HKL*),RD 平行于[*UVW*] ,即(*HKL*) ⊥ ND, [*UVW*]//RD 轴。对于丝织构[*UVW*]而言,表示[*UVW*]//RD。由此可见,只要给定织构类型,都包含了 RD 的晶向指数。如果样品加载方向(Loading direction,LD)平行于 RD,那么晶体或织构的全部滑移系的 Schmid 因子都可以根据公式 $m=\cos\varphi\cos\lambda$ 得到。

然而,在本书研究中,Al-Zn-Mg-Cu 合金的拉伸方向垂直于样品 RD,晶向簇的 Schmid 因子无法套用上述公式直接计算。图 5-14(d) 表明,<001>晶粒簇内晶粒的最高 Schmid 因子接近 0.50，而<111>晶粒簇内晶粒的最高 Schmid 因子约为 0.47，由此导致<001>晶粒簇的平均 Schmid 因子要大于<111>晶粒簇的平均 Schmid 因子。这可能是由于晶粒取向决定了晶粒簇内所有晶粒的最高 Schmid 因子的取值范围。为验证这一猜测，对上述 2 种晶粒簇内所有可能取向进行了 Schmid 因子计算。

5.3.1.1　<001>**晶粒簇**

本书研究中的 Al-Zn-Mg-Cu 合金为挤压棒材，其取样方式如图 5-20(a)、(b)所示，LD⊥RD。<001>//RD 丝织构是典型的拉拔织构。具有<001>//RD 丝织构取向的晶粒组成<001>晶粒簇，晶粒簇内所有晶粒拥有共同的转轴<001>，如图 5-20(c)所示，相当于所有晶粒的[001]平行于 RD，[100]和 TD 之间的夹角在 0°~360°之间变化。由于[001]轴为四次轴，所以计算<001>//RD 中各种取向晶粒的 Schmid 因子大小只需考虑从 0°到 90°之间的变化。

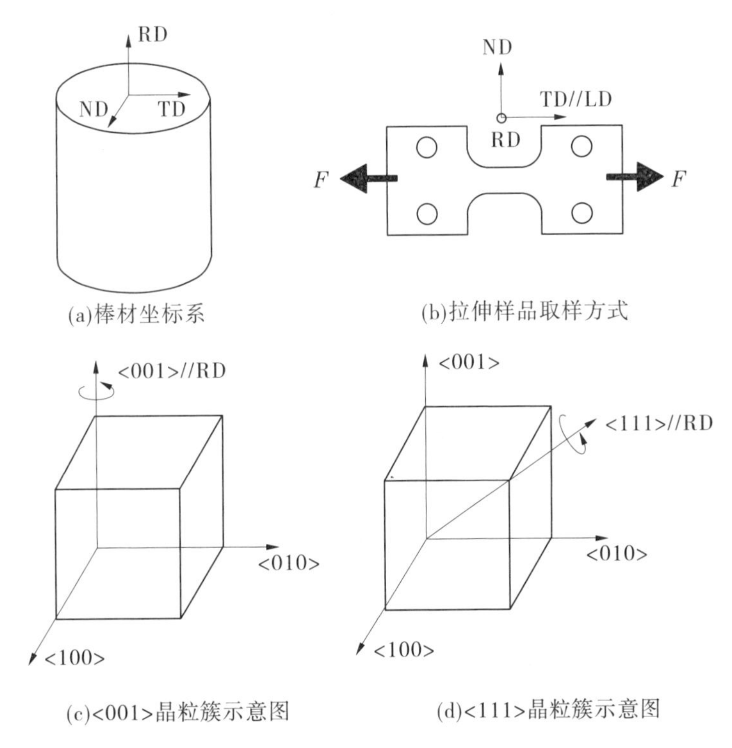

图 5-20　实验样品取样方式和晶粒簇示意图

根据以上分析，对于<001>晶粒簇中任意取向(hkl)[uvw]，可写为(001)

$[\cos\theta\ \sin\theta\ 0]$，如图 5-21(a)所示，其中 θ 为拉伸方向 OP 和$[100]$的夹角。当 $\theta=0^\circ$ 时，拉伸方向平行于$[100]$晶向；当 $\theta=90^\circ$ 时，拉伸方向平行于$[010]$晶向。

立方晶体取向胞如图 5-21(b)所示，由图可知，当 $0^\circ\leqslant\theta\leqslant 45^\circ$ 时，拉伸方向 OP 位于<100>—<110> 的连线上，可看作在<100>—<110>—<111>取向三角形中。根据影像法则，此时激活的滑移系为$(11\bar{1})[101]$，该滑移系的 Schmid 因子最高。同理，当 $45^\circ<\theta\leqslant 90^\circ$ 时，拉伸方向 OP 位于<110>—<010>的连线上，可看作在<010>—<110>—<11$\bar{1}$>取向三角形中，激活的滑移系为$(111)[01\bar{1}]$，此时该滑移系的 Schmid 因子最高。

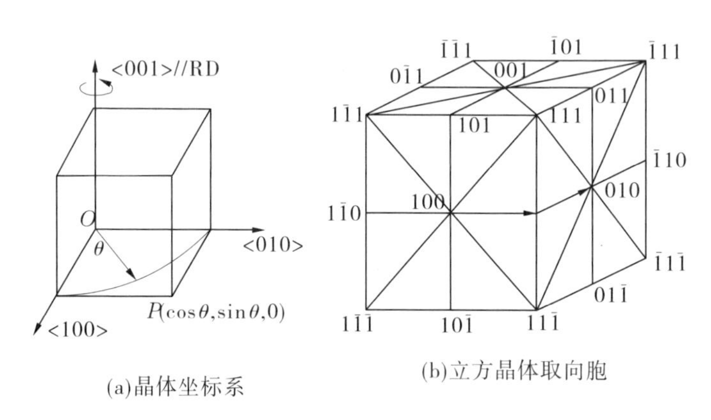

(a)晶体坐标系　　(b)立方晶体取向胞

图 5-21　<001>晶粒簇的激活滑移系

根据 Schmid 定律，$m=\cos\lambda\cos\varphi$，其中，λ 为拉伸方向和滑移方向的夹角，φ 为拉伸方向和滑移面法线方向的夹角。

所以，当 $0^\circ\leqslant\theta\leqslant 45^\circ$ 时，有

$$\lambda=<[\cos\theta\ \sin\theta\ 0],[101]>=\arccos\left(\frac{\sqrt{2}}{2}\cos\theta\right) \tag{5-1}$$

$$\varphi=<[\cos\theta\ \sin\theta\ 0],[11\bar{1}]>=\arccos\left[\frac{\sqrt{3}}{3}(\cos\theta+\sin\theta)\right] \tag{5-2}$$

当 $45^\circ<\theta\leqslant 90^\circ$，有

$$\lambda=<[\cos\theta\ \sin\theta\ 0],[01\bar{1}]>=\arccos\left(\frac{\sqrt{2}}{2}\sin\theta\right) \tag{5-3}$$

$$\varphi=<[\cos\theta\ \sin\theta\ 0],[111]>=\arccos\left[\frac{\sqrt{3}}{3}(\cos\theta+\sin\theta)\right] \tag{5-4}$$

上式中,用<$\boldsymbol{D}_1$,$\boldsymbol{D}_2$>表示方向向量 $\boldsymbol{D}_1$ 和 $\boldsymbol{D}_2$ 的夹角。

图 5-22 为拉伸方向垂直于<001>丝织构转轴的 Schmid 因子分布, $0°\leqslant\theta\leqslant 45°$ 和 $45°\leqslant\theta\leqslant 90°$ 的 Schmid 因子曲线一致,这主要是由于[100]和[010]为等价晶向,Schmid 因子 $m=f(\theta)=f(90°-\theta)$。由图可知,在当前应力加载条件下,<001>晶粒簇内所有取向的最大 Schmid 因子取值范围为 0.41~0.49。

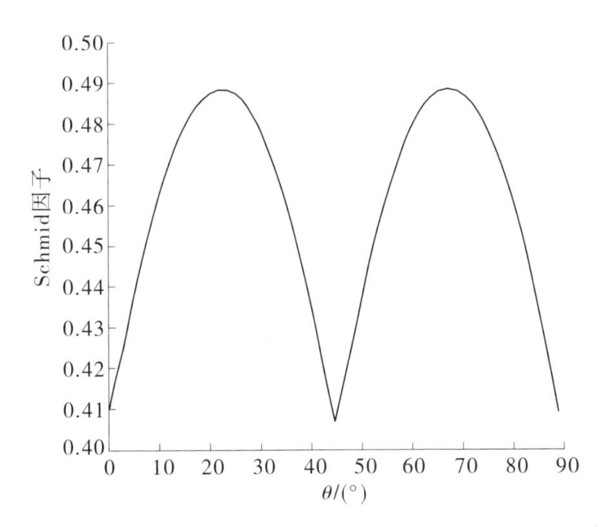

图 5-22　拉伸方向垂直于<001>丝织构转轴的 Schmid 因子分布

5.3.1.2　<111>晶粒簇

<111>晶粒簇内的取向情况更为复杂,如图 5-20(d)所示。由于共同转轴为<111>,所以拉伸方向位于(111)面内。定义新的样品坐标系 $X'Y'Z'$,其中,X'//<$1\bar{1}0$>,Y'//<$11\bar{2}$>,Z'//<111>//RD,如图 5-23(a)所示。

假定晶体学坐标系下任一点 P 坐标为(x, y, z),在新坐标系 $X'Y'Z'$中 P' 坐标为(x', y', z'),可表示为:$\boldsymbol{P}'=\boldsymbol{PT}$,$\boldsymbol{T}$ 为坐标转换矩阵,有:

$$\boldsymbol{T}=\begin{bmatrix}\frac{\sqrt{2}}{2} & \frac{\sqrt{6}}{6} & \frac{\sqrt{3}}{3}\\ -\frac{\sqrt{2}}{2} & \frac{\sqrt{6}}{6} & \frac{\sqrt{3}}{3}\\ 0 & -\frac{\sqrt{6}}{3} & \frac{\sqrt{3}}{3}\end{bmatrix}$$

在样品坐标系 $X'Y'Z'$中,对于任一拉伸方向 $\boldsymbol{P}'$可表示为$[\cos\theta,\sin\theta,0]$,$\theta$ 为拉伸方向 $\boldsymbol{P}'$和 $\boldsymbol{X}'$的夹角。$\boldsymbol{P}'$方向在晶体坐标系中对应的 $\boldsymbol{P}$ 的指数$[x, y,$

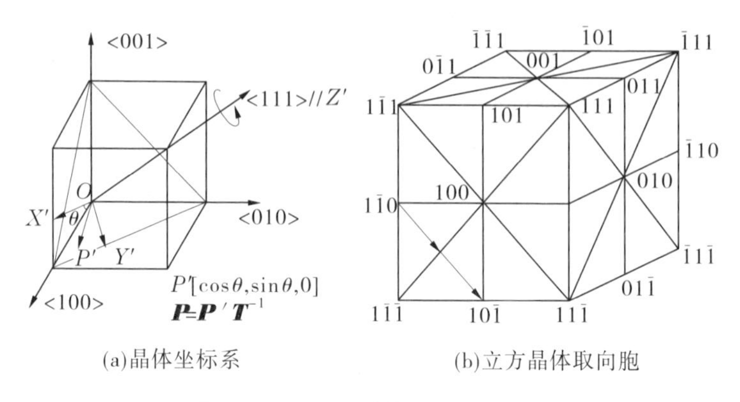

(a)晶体坐标系　　(b)立方晶体取向胞

图 5-23　<111>晶粒簇的激活滑移系

z]可由 $\boldsymbol{P}=\boldsymbol{P}'\boldsymbol{T}^{-1}$ 求得。由于立方结构<111>晶向为三重轴,所以这里只考虑 $0°\leqslant\theta\leqslant60°$ 的情况。当 $\theta=0°$ 时,拉伸方向 $\boldsymbol{OP}'$ 在样品坐标系下的指数为[100],在晶体坐标系下为[$1\bar{1}0$];当 $\theta=60°$ 时,拉伸方向在样品坐标系下的指数为[cos(π/3), sin(π/3), 0],在晶体坐标系下为[$10\bar{1}$]。所以,$\boldsymbol{OP}'$ 位于立方晶体结构取向胞中<$1\bar{1}0$>—<$10\bar{1}$>的连线上。同理,根据映像法则:当 $0°\leqslant\theta\leqslant30°$ 时,$\boldsymbol{OP}'$ 位于取向三角形<100>—<$1\bar{1}0$>—<$1\bar{1}\bar{1}$>中,激活滑移系为($1\bar{1}1$)[$10\bar{1}$]。当 $30°<\theta\leqslant60°$ 时,$\boldsymbol{OP}'$ 位于取向三角形<100>—<$10\bar{1}$>—<$1\bar{1}\bar{1}$>中,激活滑移系为($11\bar{1}$)[$1\bar{1}0$]。

所以,当 $0°\leqslant\theta\leqslant30°$ 时,有

$$\lambda=<[x\ y\ z],[10\bar{1}]>=\arccos\left[\frac{\sqrt{2}}{2}\frac{(x-z)}{(x^2+y^2+z^2)^{1/2}}\right]\tag{5-5}$$

$$\varphi=<[x\ y\ z],[1\bar{1}1]>=\arccos\left[\frac{\sqrt{3}}{3}\frac{(x-y+z)}{(x^2+y^2+z^2)^{1/2}}\right]\tag{5-6}$$

当 $30°<\theta\leqslant60°$,有

$$\lambda=<[x\ y\ z],[1\bar{1}0]>=\arccos\left[\frac{\sqrt{2}}{2}\frac{(x-y)}{(x^2+y^2+z^2)^{1/2}}\right]\tag{5-7}$$

$$\varphi=<[x\ y\ z],[11\bar{1}]>=\arccos\left[\frac{\sqrt{3}}{3}\frac{(x+y-z)}{(x^2+y^2+z^2)^{1/2}}\right]\tag{5-8}$$

由 $\boldsymbol{P}=\boldsymbol{P}'\boldsymbol{T}^{-1}$ 得

$$[x\ y\ z]=[\cos\theta\ \sin\theta\ 0]\times\begin{bmatrix}\frac{\sqrt{2}}{2} & \frac{\sqrt{6}}{6} & \frac{\sqrt{3}}{3}\\ -\frac{\sqrt{2}}{2} & \frac{\sqrt{6}}{6} & \frac{\sqrt{3}}{3}\\ 0 & -\frac{\sqrt{6}}{3} & \frac{\sqrt{3}}{3}\end{bmatrix}^{-1}$$

图 5-24 为拉伸方向垂直于<111>晶粒簇转轴的 Schmid 因子分布，由图可知，$0°\leqslant\theta\leqslant30°$ 和 $30°\leqslant\theta\leqslant60°$ 的 Schmid 因子曲线一致，这主要是由于 $[1\bar{1}0]$ 和 $[10\bar{1}]$ 为等价晶向，Schmid 因子 $m=f(\theta)=f(60°-\theta)$。所以，<111>晶粒簇内所有取向的最大 Schmid 因子取值范围为 0.41～0.47。

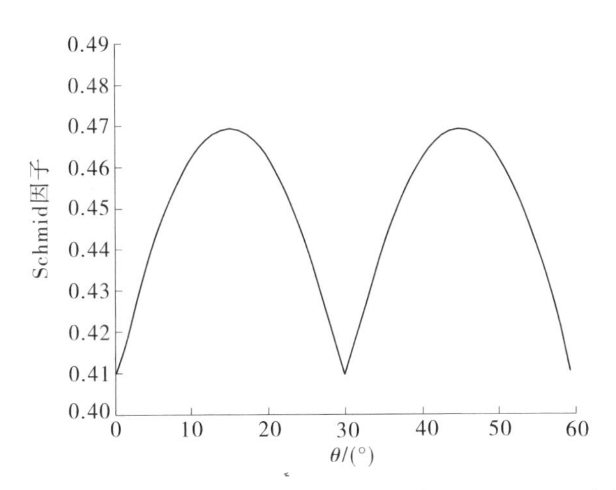

图 5-24　拉伸方向垂直于<111>晶粒簇转轴的 Schmid 因子分布

由第 3 章关于 Schmid 因子的计算可知，EBSD 给出的 Schmid 因子分布图为晶粒所有滑移系中最大的 Schmid 因子。而上述通过取向胞确定的滑移系就是具有最大 Schmid 因子的滑移系。结果表明，<001>晶粒簇内所有取向最大的 Schmid 因子介于 0.41～0.49，而 <111>晶粒簇的最大 Schmid 因子介于 0.41～0.47。所以，图 5-14(d)中<001>晶粒簇的 Schmid 因子较高。如果晶粒簇内各取向随机分布，<001>晶粒簇的平均 Schmid 因子也高于<111>晶粒簇的平均 Schmid 因子。以上计算结果与实验数据一致。

5.3.2 晶体取向对微裂纹萌生与扩展的影响

Al-Zn-Mg-Cu 合金具有强烈的丝织构,其微观组织主要由<001>晶粒簇和<111>晶粒簇组成。微裂纹主要沿着<111>晶粒簇内的晶界或<001>晶粒簇和<111>晶粒簇之间的晶界扩展(见图 5-18)。由于晶界两侧晶粒存在取向差,位错从一侧滑移系进入到另一侧滑移系时存在较大的空间转角,表现为晶界塑性变形的不协调性。Blochwitz[130]在研究 316 奥氏体不锈钢的微裂纹扩展时发现,晶界取向差对晶界的开裂行为有重要影响,并提出采用取向差裂纹因子 $\boldsymbol{M}$(Misorientation crack factor)来定量描述这一影响:

$$\boldsymbol{M} = \sin^2\beta \Delta R \cdot \boldsymbol{e}_{GB} \tag{5-9}$$

式中,β 为晶界和加载方向的夹角, $\boldsymbol{e}_{GB}$ 为晶界和样品表面交线的方向矢量,ΔR 为相邻晶粒主滑移系旋转矢量之差。式(5-9)表明取向差越大,取向差裂纹因子越大,晶界越容易开裂。在本书研究中,<111>晶粒簇内的大角晶界多于<001>晶粒簇内的大角晶界(见图 5-16),所以裂纹更可能沿<111>晶粒簇内的晶界扩展。

同时,图 5-16 的局部取向差数据还表明,<001>晶粒簇的变形程度要高于<111>晶粒簇的变形程度;而根据上述晶粒簇的 Schmid 因子计算发现,<001>晶粒簇的平均 Schmid 因子要高于<111>晶粒簇的平均 Schmid 因子。Schmid 因子高,说明晶体取向更容易变形,两个晶粒簇间变形难易程度不一致,会使晶粒簇间变形不协调而在界面处产生应力集中,最终导致界面脱粘开裂。

5.3.3 粗大第二相对微裂纹萌生与扩展的影响

一般而言,粗大第二相易产生应力集中,诱发微裂纹萌生,不利于合金材料的断裂性能。对于颗粒尺寸大于 1 μm 的杂质或第二相颗粒,Argon 等[131]提出了孔洞形核的连续介质模型,并采用有限元方法进行了模拟。该模型假定微裂纹形核是由界面脱粘造成的,指出孔洞形核的应力:

$$\sigma_c = \sigma_e + \sigma_m \tag{5-10}$$

其中, σ_e 为有效应力,用下式计算:

$$\sigma_e = \frac{\sqrt{2}}{2}\left[(\sigma_1 - \sigma_2)^2 + (\sigma_1 - \sigma_3)^2 + (\sigma_2 - \sigma_3)^2\right] \tag{5-11}$$

σ_m 为平均应力,用下式计算:

$$\sigma_m = \frac{\sigma_1 + \sigma_2 + \sigma_3}{3} \tag{5-12}$$

根据该连续介质模型可知,静应力越大,孔洞形核所需的应变越低,孔洞形核应力和颗粒的尺寸大小无关。该模型与三轴拉伸的实验结果一致[132]。

然而,图5-19表明,Al-Zn-Mg-Cu合金中微米级$Al_9Fe_{0.7}Ni_{1.3}$和$MgZn_2$颗粒处的开裂行为与颗粒尺寸有关,尺寸越大,越容易开裂。这一现象与其他文献报道的一致,但与连续介质模型不符。这主要是由于该模型考虑的是粗大第二相颗粒与基体的脱粘,而在图5-19中,孔洞还可以通过颗粒开裂形成。由于颗粒尺寸越大,包含缺陷的可能性越高,在塑性变形中越容易自身开裂。如果把这种开裂颗粒当作微裂纹,根据Griffith断裂准则,断裂的临界应力为:

$$\sigma_f = \sqrt{\frac{2E\gamma_s}{\pi a}} \tag{5-13}$$

式中,E为杨氏模量,γ_s为断裂面表面能,a为微裂纹的尺寸。可见颗粒尺寸越大,断裂强度越低。

从能量角度考虑,第二相处萌生微裂纹产生了新的表面,需要消耗塑性变形能。因此,第二相有可能提高断裂韧性。而且微裂纹沿第二相曲折扩展,有望减缓裂纹的扩展速率。但是,在本书研究中,Al-Zn-Mg-Cu合金基体在未发生明显塑性变形前,粗大第二相已经脱粘或开裂,形成尺寸较大的微裂纹,造成裂纹尖端前方微裂纹快速与主裂纹连通合并,既不利于提高断裂韧性,也没有减慢裂纹的扩展速度。

综上所述,微米级$Al_9Fe_{0.7}Ni_{1.3}$和$MgZn_2$颗粒提高了合金的开裂敏感度,是微裂纹萌生的主要位置,形成的微米级微裂使裂纹快速扩展,不利于合金的断裂强度和断裂韧性。

5.4 小结

本章首先研究了Al-Zn-Mg-Cu合金的微观组织和第二相,然后利用In-situ EBSD重点研究了晶体取向和多尺度第二相颗粒对微裂纹萌生与扩展的影响行为。研究结果表明:

(1) Al-Zn-Mg-Cu合金具有强烈的<001>和<111>丝织构,平均晶粒尺寸为6.38 μm。其微观组织由<001>晶粒簇和<111>晶粒簇以及多尺度第二相颗粒组成。多尺度第二相颗粒包括亚微米级、微米级的$Al_9Fe_{0.7}Ni_{1.3}$和$MgZn_2$结晶相,几十纳米的$MgZn_2$析出相,几纳米到十几纳米的Al_3Zr弥散相,以及几纳米的η′析出相。

(2)拉伸方向垂直于棒材轧向时,<001>晶粒簇比<111>晶粒簇具有更高的 Schmid 因子,所以<001>晶粒簇更容易变形。

(3)微米级的 $Al_9Fe_{0.7}Ni_{1.3}$ 和 $MgZn_2$ 颗粒是微裂纹萌生的主要位置。这些粗大第二相沿晶界分布,界面脱粘开裂和颗粒自身开裂是微裂纹萌生的两种主要方式。

(4)Al-Zn-Mg-Cu 合金的断裂方式主要为沿晶断裂,存在少量穿晶断裂。沿晶断裂时,裂纹沿着<111>晶粒簇内的晶界或<001>晶粒簇和<111>晶粒簇之间的晶界扩展。晶粒簇间的变形不协调和大量第二相沿晶分布是合金沿晶断裂的主要原因。

第6章　Al-Zn-Mg-Cu合金微裂纹萌生与扩展的In-situ TEM研究

Al-Zn-Mg-Cu合金中的第二相主要包括纳米级析出相、亚微米析出相和微米级结晶相，这些多尺度第二相的性质、尺寸、数量、形貌及分布与合金的强度、塑性和断裂等力学性能有密切关系。由于位错滑移是实现塑性变形的基本途径，阻碍位错运动是以上多尺度第二相强化合金的主要途径，因此揭示第二相参数与位错交互作用的规律，对解释或预测第二相和合金力学性能之间的关系具有重要参考价值。

第二相颗粒与位错运动的交互作用机制可分为位错切过、位错绕过和位错塞积[137,138]。传统上，可根据颗粒尺寸简单区分第二相与位错的交互作用。对于尺寸较小的颗粒（或与基体共格的软颗粒），运动位错直接切过颗粒向前继续运动；对于尺寸尺寸稍大的颗粒，位错可绕过并在颗粒周围留下位错环，位错绕过也被称为Orowan机制。对于微米级颗粒，位错既不能切过，也不能绕过，只能在颗粒后方塞积。然而，大量研究表明，第二相的结构、形貌和分布等特征也会对位错交互作用产生影响，关于Al-Zn-Mg-Cu合金内第二相与位错的交互作用仍然存在争议[11-14,139-141]。

第5章研究结果表明，Al-Zn-Mg-Cu合金中的粗大第二相颗粒处易产生应力集中，通过界面脱黏和颗粒自身断裂造成微裂纹萌生。由于In-situ EBSD分辨率的限制，关于合金中更细小第二相与位错交互作用机制还不能给出详细信息。本章通过In-situ TEM技术，进一步阐释Al-Zn-Mg-Cu合金的微裂纹萌生与扩展行为，重点关注亚微米析出相和纳米级析出相与位错的交互作用及其对微裂纹萌生与扩展的影响规律。

6.1　微裂纹萌生与扩展方式

由于微米级的第二相在双喷电解减薄过程中大部分脱落，没有脱落的少部分颗粒也因为太厚，电子束难以穿过，所以在Al-Zn-Mg-Cu合金的In-situ TEM观察过程中，主要研究亚微米以下第二相颗粒附近的微裂纹萌生与扩展行为。图6-1展示了实验观察中微裂纹萌生的主要位置。在图6-1(a)中，

$MgZn_2$（由能谱分析确定）颗粒呈长条状，长约 380 nm，宽约 120 nm，位于晶界上。在应力作用下，$MgZn_2$ 颗粒与基体界面处由于塞积了大量位错，产生应力集中，从而导致界面脱粘开裂形成微裂纹。微裂纹随后向晶粒内部扩展。在图 6-1（b）中，$MgZn_2$ 颗粒呈不规则形状，长径约为 200 nm，位于晶界上，在应力作用下自身破碎，产生的微裂纹向晶粒内部扩展。由此可知，晶界上的亚微米第二相颗粒也可以诱发微裂纹萌生，其方式与微米级第二相颗粒相同，均是通过界面脱粘或颗粒自身破裂而形成微裂纹。

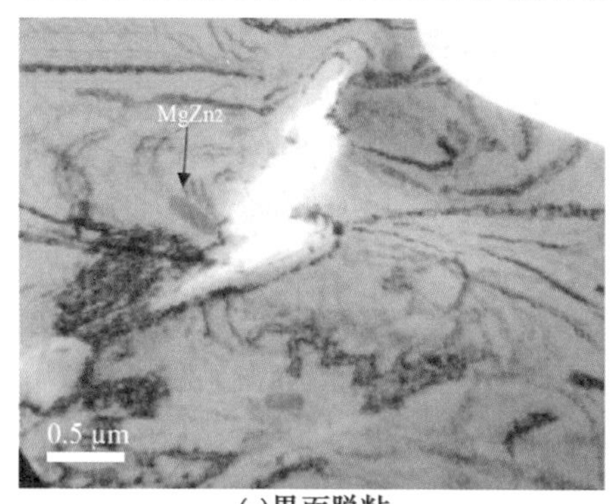

(a)界面脱粘

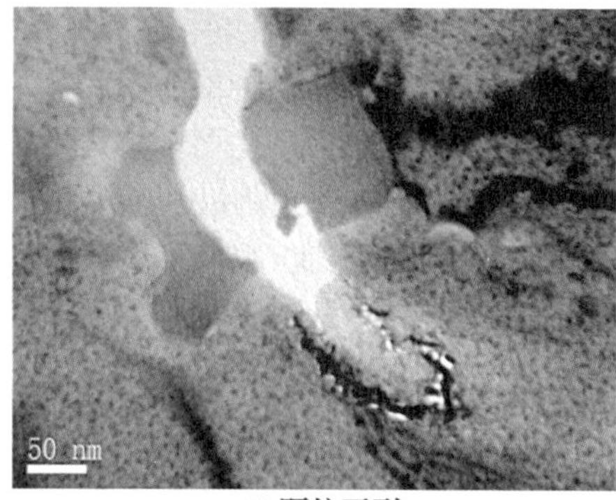

(b)颗粒开裂

图 6-1　晶界第二相颗粒诱导微裂纹萌生

图 6-2 展示了 Al-Zn-Mg-Cu 合金的两种裂纹扩展方式。沿晶扩展如图 6-2（a）所示，裂纹沿着晶界扩展，裂纹两侧的应力条纹较小，仅在裂纹扩展方向发生偏转时出现明显的应力条纹。说明沿晶扩展时裂纹两侧晶粒的塑性变形较小，当扩展方向偏转时，基体需要发生更大的塑性变形。对比沿晶扩展，穿晶扩展裂纹附近存在明显的塑性变形。

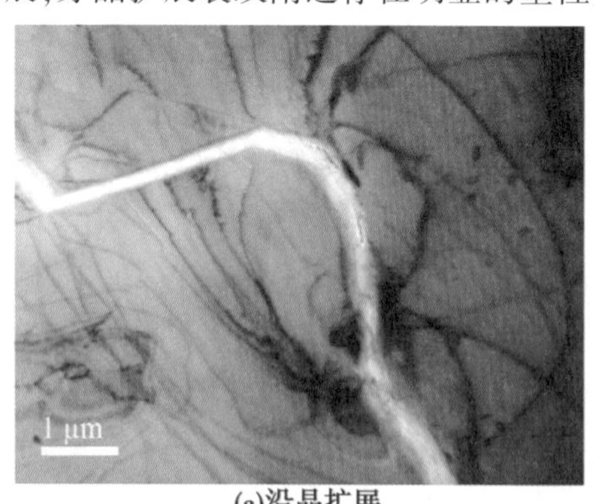

(a)沿晶扩展

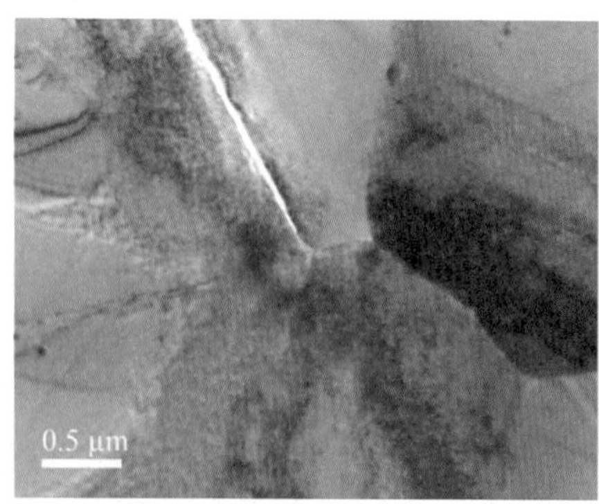

(b)穿晶扩展

图 6-2　微裂纹扩展方式

6.2　晶界对微裂纹扩展的影响

由前面可知,Al-Zn-Mg-Cu 合金主要是沿晶断裂,并存在少量的穿晶断裂。然而,Al-Zn-Mg-Cu 合金晶粒细小,晶界众多,因此研究晶界对穿晶裂纹以及裂尖位错滑移的影响行为有助于深刻理解 Al-Zn-Mg-Cu 合金微裂纹萌生与扩展的内在机制。

图 6-3 为在恒定应力加载下微裂纹穿晶扩展的系列照片,应力加载方向如图 6-3(a)中双箭头所示。在应力加载作用下,图中 G1、G2 和 G3 晶粒都发生了滑移。图 6-3(a)中的滑移迹线表明,G1 晶粒中的滑移系首先启动,然后穿过晶界,并激活了 G2 晶粒的滑移系,滑移方向发生了偏转。G2 晶粒中的位错塞积到三叉晶界处,使 G3 晶粒和 G4 晶粒在三叉晶界处形成应力集中。在图 6-3(b)中,微裂纹在沿着 G1 晶粒内的滑移带扩展,裂纹尖端发射的位错逐渐穿过晶界向 G2 晶粒内运动。和滑移穿过晶界方向偏转一样,裂纹穿过晶界后,扩展方向也发生偏转,偏转方向和滑移迹线方向一致。三叉晶界处在应力作用下萌生了二次裂纹,二次裂纹分别向 G2 晶粒和 G3 晶粒内发射位错,如图 6-3(c)所示。其中,向 G2 晶粒内发射的位错和主裂纹发射位错的滑移面相同,滑移方向相反。向 G3 晶粒内发射的位错沿 2 个滑移系滑移,形成了 2 个椭圆形无位错区,其中一个的长轴方向与应力加载方向几乎垂直。由于二次裂纹形成发射了大量位错,G3 晶粒在三叉晶界处的应力集中得到释放。随后主裂纹和二次裂纹快速长大,相互连通。连通后的裂纹向 G3 晶粒内部扩展,扩展路径选择了与应力加载方向几乎垂直的滑移系。

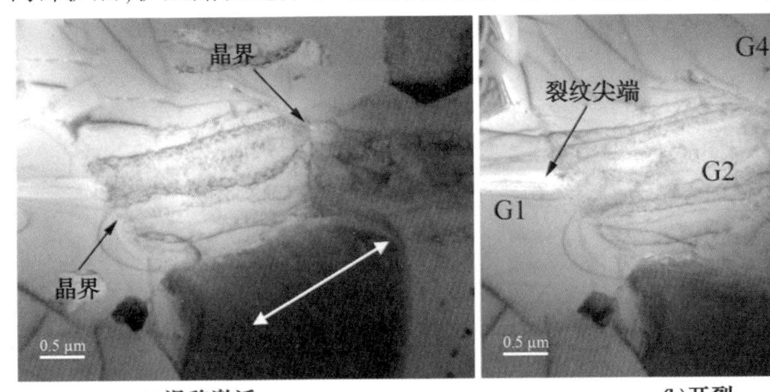

(a)滑移激活　　(b)开裂

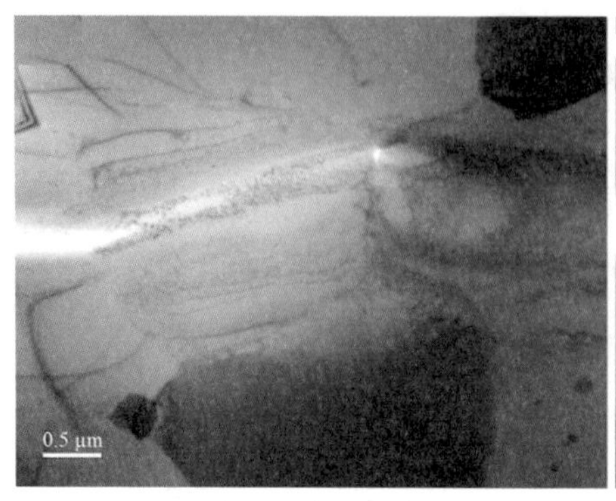

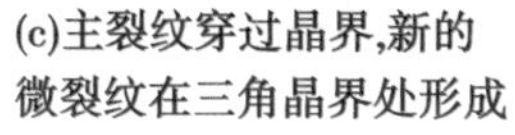
(c)主裂纹穿过晶界,新的微裂纹在三角晶界处形成

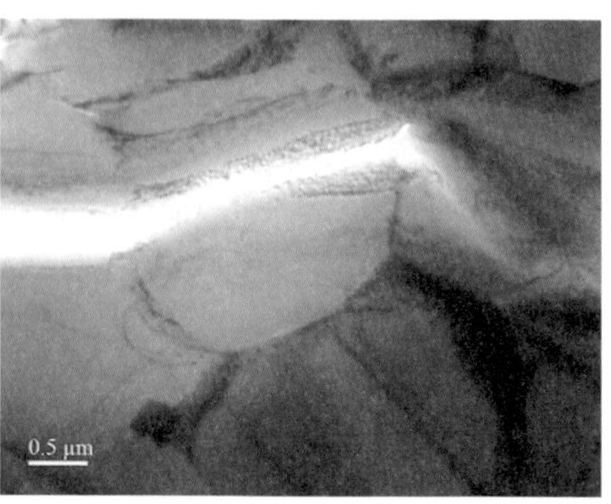

(d)主裂纹和晶界裂纹连通并向下一个晶粒内扩展

图 6-3　裂纹穿晶扩展过程

合金中大量第二相脱粘或开裂提供了大量的二次裂纹,通过主裂纹与二次裂纹连通实现主裂纹快速扩展是 Al-Zn-Mg-Cu 合金裂纹扩展过程中频繁出现的特征。主裂纹在应力作用下,当裂纹尖端应力强度因子大于临界应力强度因子时,裂纹尖端通过发射位错降低应力,裂纹尖端的应力强度因子下降;当裂纹尖端应力强度因子下降至等于临界应力强度因子时,裂纹尖端停止发射位错,裂纹尖端形成无位错区,发射的位错在无位错区的边界处反塞积,形成塑性变形区,裂纹处于稳定的状态。图 6-3 的 G2 晶粒内,主裂纹和二次裂纹处于同一个滑移面内,二者面对面发射位错,塑性区内的位错就可能相互抵消,相当于降低了临界应力强度因子,从而促进裂纹尖端进一步发射位错,加速了裂纹扩展。对于主裂纹和二次裂纹不在同一滑移面内的情况,Ding 等[117]认为主裂纹尖端发射的位错不仅对主裂纹起屏蔽作用,也对前方二次裂纹尖端起反屏蔽作用,促进了二次裂纹发射位错,随着位错在主裂纹和二次裂纹之间大量塞积,无位错区逐渐变小且应力集中加剧,最后孔洞形核长大,完成裂纹扩展。

此外,图 6-3 还表明,裂纹在晶内的扩展路径主要是沿着已启动滑移系扩展,裂纹的断裂面为滑移面。由于晶界两侧晶粒存在取向差,裂纹穿过晶界时扩展路径会发生改变,新的扩展方向由应力加载方向和相邻晶粒激活滑移系的共同作用决定。

图 6-4(a)为裂纹附近的小角晶界和滑移带的 TEM 明场像,滑移方向如图中箭头方向所示。经选区电子衍射分析,图中 3 个相邻晶粒组成了 2 条小角晶界。由图 6-4(a)可知,3 个晶粒中的滑移方向一致,滑移带直接穿过小角

晶界进入相邻晶粒,滑移带和晶界的交点处也没有明显的应力衬度。说明小角晶界对滑移带中的位错阻碍作用较小,由于小角晶界两侧的晶体学取向相近,滑移带中的位错列穿过晶界后,继续沿着原有滑移面和滑移方向移动。图 6-4(b)为裂纹附近的大角晶界和滑移带的 TEM 明场像。与小角晶界和滑移交互作用不同,滑移带在穿过大角晶界时,会在晶界处存在较大应力,如图中晶界与滑移带交点处的应力条纹。滑移带在穿过晶界后,滑移方向发生偏转。这一结果与图 6-3 中滑移穿过晶界发生偏转的特征是一致的。

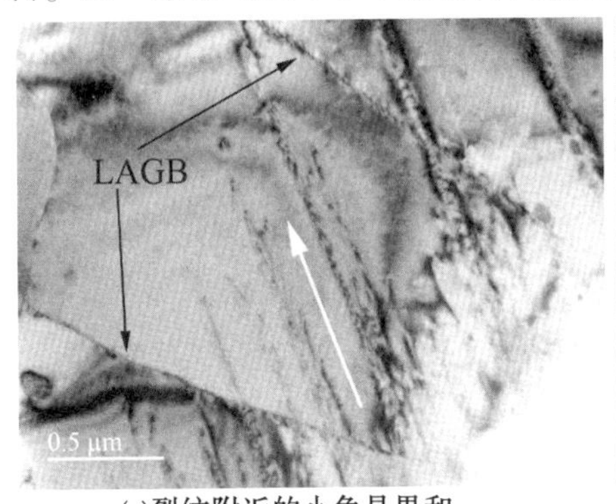

(a)裂纹附近的小角晶界和滑移带的TEM明场像

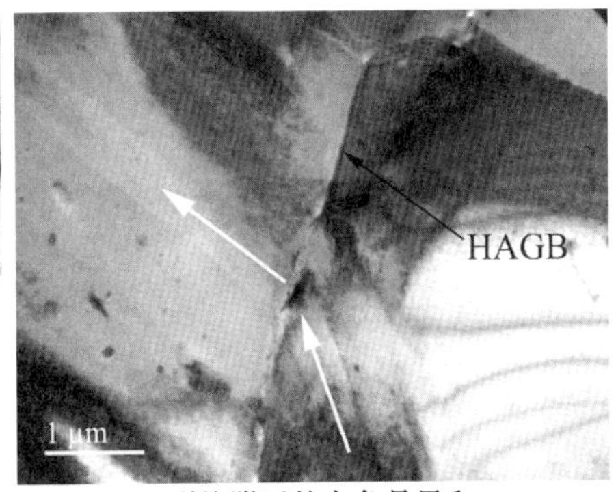

(b)裂纹附近的大角晶界和滑移带的TEM明场像

图 6-4　滑移和晶界的交互作用

6.3　晶内析出相对裂纹萌生与扩展的影响

由 Al-Zn-Mg-Cu 合金微观组织分析可知,晶内存在亚微米 $MgZn_2$ 颗粒。如图 6-5(a)所示中,晶界右侧的晶粒中存在 4 个 $MgZn_2$ 颗粒,颗粒大小为 80~150 nm。在应力作用下,左侧晶粒首先启动滑移系,位错塞积到晶界处,加载方向如图 6-5(a)中双箭头所示。在应力作用下,位错穿过晶界,激活右侧晶粒滑移系,$MgZn_2$ 颗粒钉扎运动位错,如图 6-5(b)中箭头所示。加大应力后,如图 6-5(c)所示,在左侧晶粒内和晶界上均形成 2 个微裂纹(视野之外,此处未给出),图中可见裂纹尖端前方的无位错区,其中,上方微裂纹的无位错区被 $MgZn_2$ 颗粒阻碍。随着应力增加,左侧晶粒内的裂纹穿过晶界,向右侧晶粒内部扩展。如图 6-5(d)所示为裂纹扩展后的形貌,裂纹扩展到 $MgZn_2$ 颗粒周围时并没有直接向 $MgZn_2$ 颗粒方向扩展,而是绕过颗粒,扩展方向发生偏转,并保持裂纹在基体当中继续扩展。

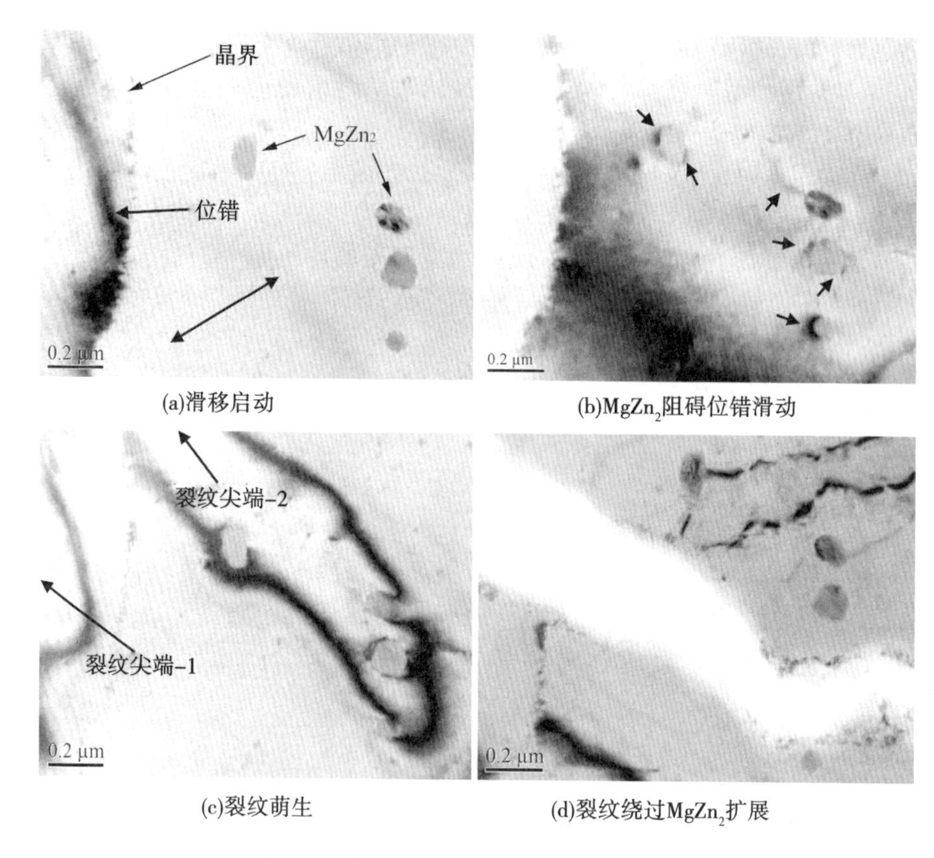

图 6-5　晶内 $MgZn_2$ 颗粒和裂纹的交互作用

图 6-6 展示了晶内 $MgZn_2$ 颗粒阻碍滑移进行,滑移方向如图中箭头所示。当滑移前方不存在 $MgZn_2$ 颗粒时,滑移一直扩展到视野之外。当滑移前方存在 $MgZn_2$ 颗粒时,滑移停止在颗粒处,滑移系中的位错在颗粒处塞积。说明晶内 $MgZn_2$ 可有效阻碍位错滑移。而且,图中有交滑移痕迹出现,间接说明合金的变形能力较差,这与第 5 章利用 In-situ EBSD 得到的结果一致。

图 6-7 为裂纹附近 TEM 图。根据衍射花样(内部插图)可知,裂纹的断裂面为$(1\bar{1}1)$。$MgZn_2$ 颗粒钉扎了大量位错,滑移带从 $MgZn_2$ 颗粒旁穿过,位错列始终在同一滑移面内向前运动,最后滑移出样品表面,且在薄区边缘留下高低不等的滑移台阶。

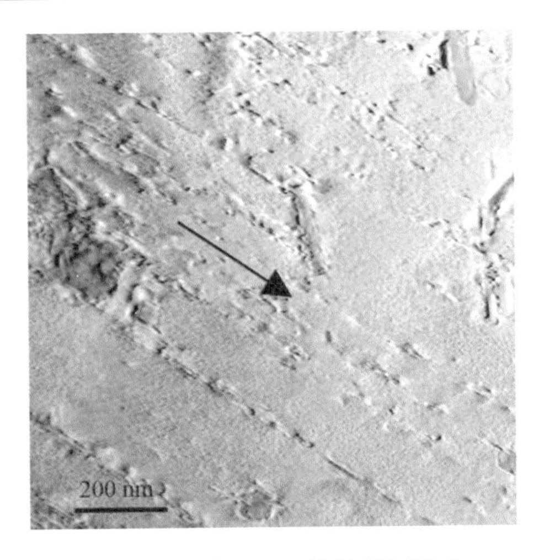

图 6-6　晶内 $MgZn_2$ 颗粒阻碍滑移

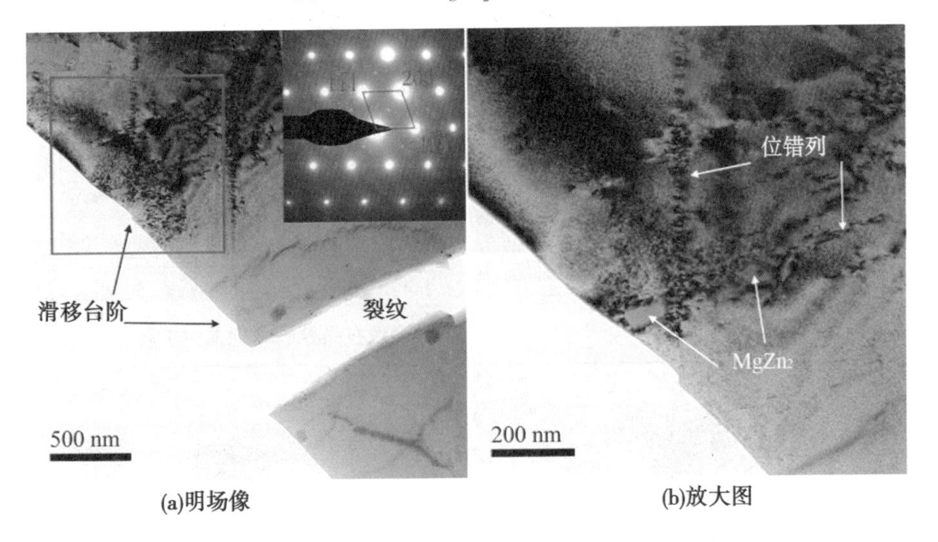

图 6-7　裂纹附近 TEM 图

6.4　析出相对微裂纹扩展的影响

图 6-8 为裂纹在晶界萌生并向晶内扩展的 In-situ TEM 系列图，图中双箭头表示拉伸方向，五角星和箭头所示的 Al_3Zr 颗粒作为参考点。由加载应力前的图 6-8(a)可以看出，晶内有大量弥散分布的几纳米大小的析出相和约 20

nm 大小的球状 Al_3Zr 颗粒。晶界上较亮的区域是 $MgZn_2$ 颗粒脱落后形成的坑,由于厚度薄于周围基体,所以衬度更亮。对合金施加应力后,微裂纹首先在晶界处形核,沿晶界扩展 100 nm 后,转向晶粒内部扩展,如图 6-8(b)所示,在裂纹尖端形成薄化区,裂纹尖端钝化。保持恒定加载,在薄化区内形成了纳米级孔洞,如图 6-8(c)所示。同时,可以看到在箭头所指 Al_3Zr 颗粒附近存在应力衬度,表明此时颗粒阻碍位错运动。随着纳米孔洞不断长大,与主裂纹连通,裂纹尖端发生锐化,如图 6-8(d)和(e)所示。随后,裂纹继续向前扩展,裂纹尖端再次钝化并产生新的纳米级孔洞,如图 6-8(f)和(g)所示。在上述裂纹扩展过程中,裂纹尖端不断接近箭头所指 Al_3Zr 颗粒,在颗粒处的位错逐渐增多。但裂纹扩展方向没有明显变化,说明 Al_3Zr 颗粒和 η′析出相对微裂纹扩展路径影响较小。

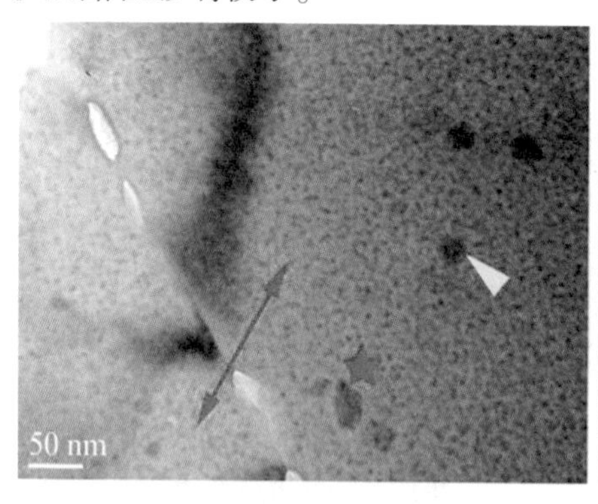

(a)加载前

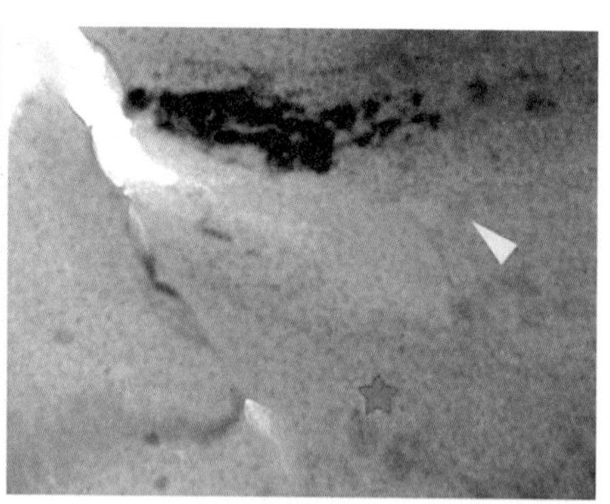

(b)裂纹在晶界形成,向晶内扩展

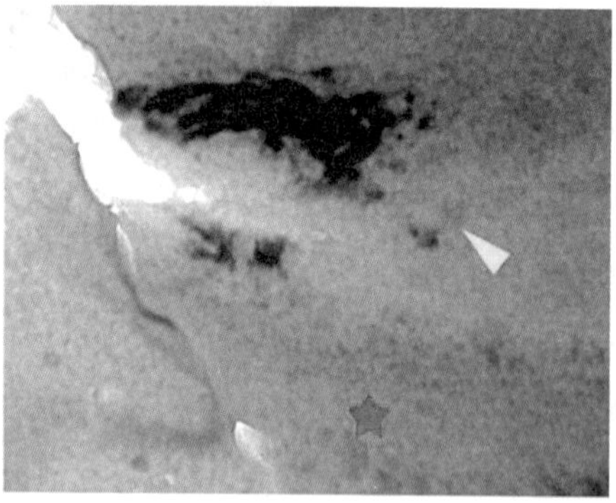

(c)纳米孔形成

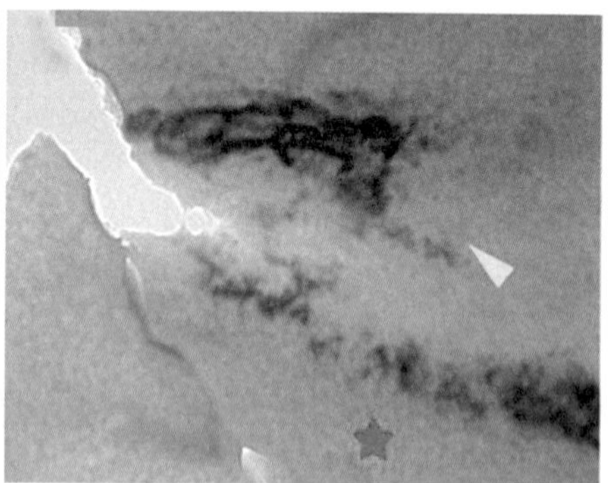

(d)纳米孔长大

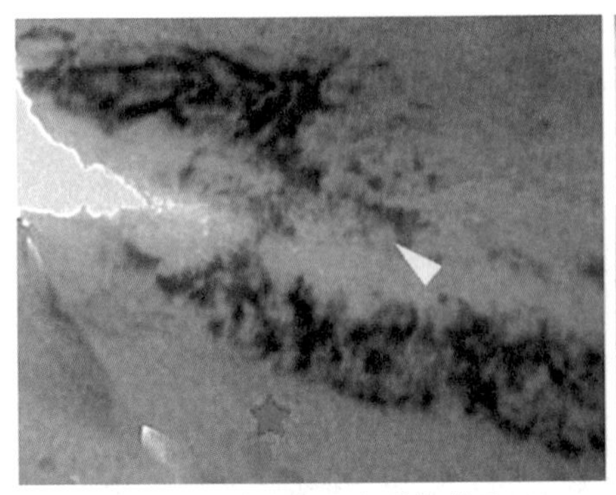

(e)纳米孔和主裂纹联通，裂纹长大并锐化

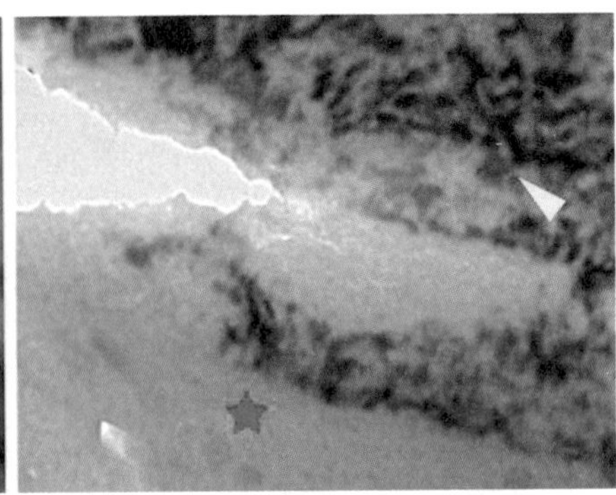

(f)裂纹再次钝化

图 6-8　裂纹在晶内的扩展过程

图 6-9(a)为裂纹附近 Al_3Zr 颗粒的 HRTEM。由于经历了塑性变形，原本球状的 Al_3Zr 颗粒被位错切割发生了变形，呈不规则轮廓，长径约为 11 nm。图 6-9(b)为图 6-9(a)的傅里叶变换，观察方向为$[110]_{Al}$，Al_3Zr 的衍射斑点如图中红箭头所示，位于$(002)_{Al}$和$(2\bar{2}0)_{Al}$的 1/2 处，说明 Al_3Zr 与基体的位向关系没有改变。为观察颗粒周围及内部的位错分布，选择$(002)_{Al}$的衍射斑点作反傅里叶变换，如图 6-9(c)所示。在 Al_3Zr 颗粒内部及其界面处均存在位错，说明位错与 Al_3Zr 颗粒的交互作用为位错切过机制。被位错切过后，Al_3Zr 颗粒的外形轮廓由未变形前的球形变为不规则形状。

图 6-9(d)、(e)为裂纹附近 η′析出相的 HRTEM 和 FFT，观察方向为$[110]_{Al}$。η′析出相长约 7 nm，厚约 2 nm，由于被$(1\bar{1}1)_{Al}$滑移面上的位错切过，在其长度方向出现切割台阶。在 FFT 图中，沿$(1\bar{1}1)_{Al}$方向的亮条纹为 η′析出相的衍射特征，如图中红箭头所示。图 6-9(f)为选取$(1\bar{1}1)_{Al}$衍射作的反傅里叶变换，可见 η′析出相内部存在晶格畸变，如图中箭头所指出的晶面扭曲，且在 η′析出相与基体的界面附近存在大量位错。以上数据表明 η′析出相与运动位错的交互作用机制也是位错切过机制。

图 6-10(a)和(b)为裂纹附近同一晶粒内不同区域的 HRTEM，观察晶带轴为$[\bar{1}10]_{Al}$。从图 6-10(a)可以看出，沿样品边缘存在类似长条状析出相，长约 16 nm，厚度不均匀，左端厚约 2 nm，右端厚约 4 nm，长度方向平行于$(002)_{Al}$晶面。图中圆圈所示位置，存在明显被位错切割的痕迹，且位错最终从样品边缘滑出，在样品边缘形成台阶(凸起)。图 6-10(b)为另一个长条状

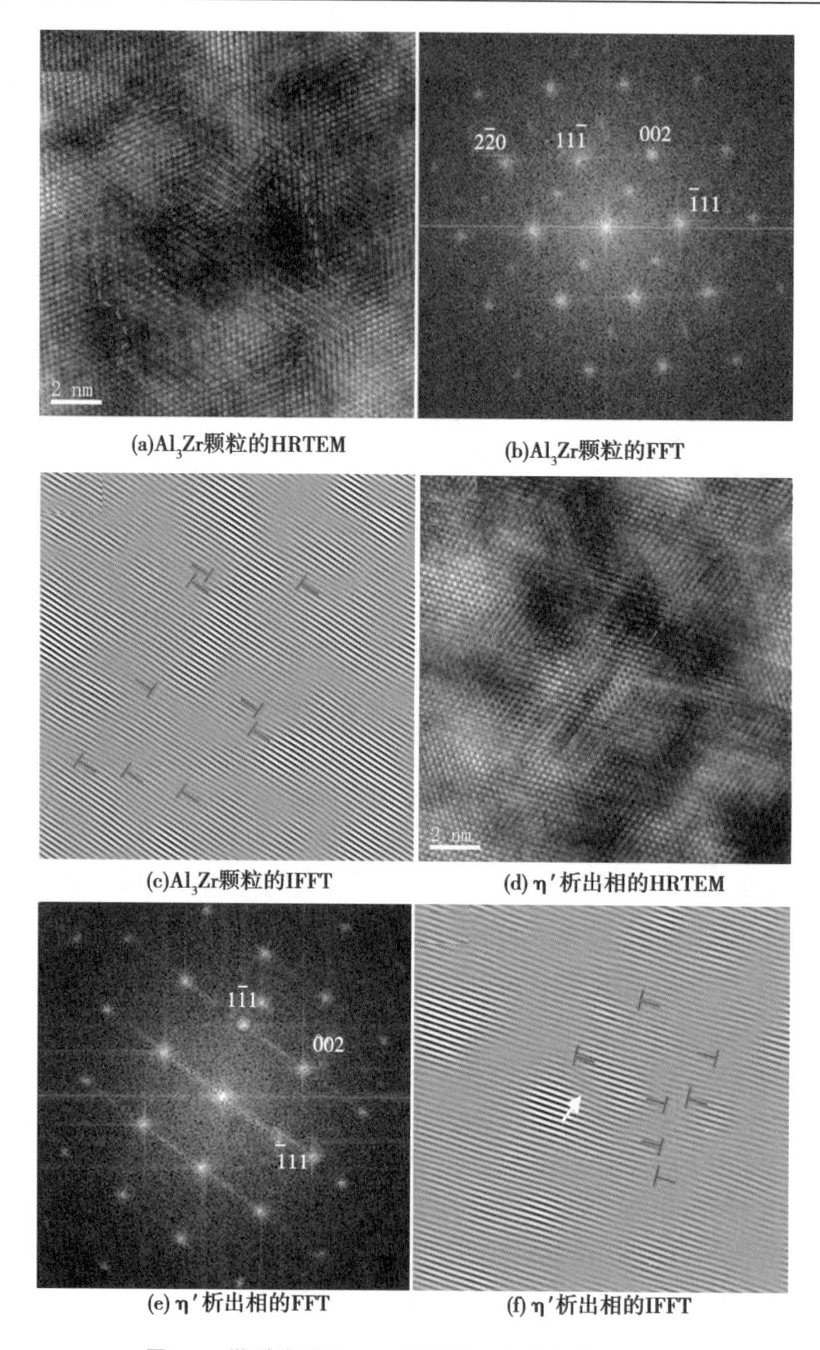

(a)Al_3Zr颗粒的HRTEM　(b)Al_3Zr颗粒的FFT

(c)Al_3Zr颗粒的IFFT　(d) η′析出相的HRTEM

(e) η′析出相的FFT　(f) η′析出相的IFFT

图 6-9　微裂纹附近 Al_3Zr 颗粒和 η′析出相的 HRTEM

析出相,长约 13 nm,厚约 3 nm,长度方向平行于(200)晶面,该析出相也同样存在被位错切过的痕迹,沿长度方向留下台阶。根据 HRTEM 形貌、位向和 FFT 判定,以上两个析出相为同种物相。图 6-10(c)为图 6-10(b)的 FFT。标定结果显示,该析出相为 η 析出相。η 析出相是 η′析出相长大后的稳定相,一般在过时效 Al-Zn-Mg-Cu 合金中出现,颗粒尺寸为几十纳米。由于本书研究使用的 Al-Zn-Mg-Cu 合金中合金元素含量高达 15%,相比常规铸造 Al-Zn-Mg-Cu 合金具有更高的析出驱动力,这可能是本合金在当前时效条件下出现 η 析出相的主要原因。

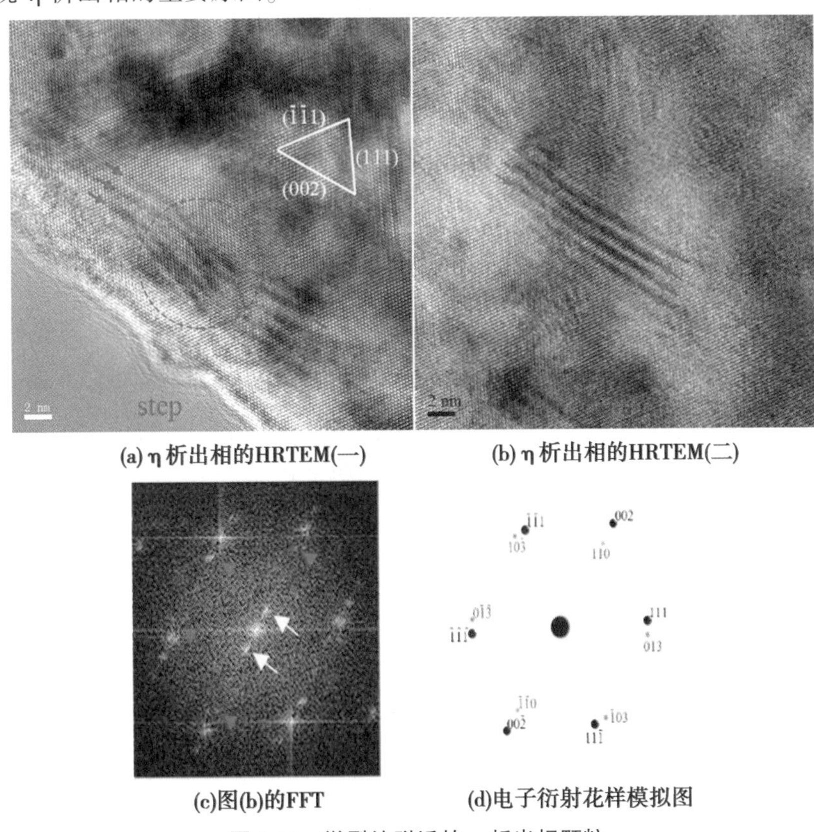

(a) η 析出相的HRTEM(一)　(b) η 析出相的HRTEM(二)

(c)图(b)的FFT　(d)电子衍射花样模拟图

图 6-10　微裂纹附近的 η 析出相颗粒

η 析出相的晶格参数为 $a = 0.502$ nm, $c = 0.828$ nm,空间群为 P63/mmc[26]。根据文献中报道的 η 析出相和基体的位向关系,η 析出相共有 13 种变体,分别用 η_1、η_2…η_{13} 表示[27,28]。经标定,图 6-10 中的 η 析出相属于

η_{13}，其与基体位向关系为$(0001)_{\eta}//(120)_{Al}$，$<11\bar{2}0>_{\eta}//<001>_{Al}$。在当前观察方向$[\bar{1}10]_{Al}$下，η 析出相的观察方向十分接近$<3\bar{3}01>_{\eta}$方向（两者夹角相差在 1.5°以内）。根据上述 η 析出相的晶体结构模型，模拟了 Al 基体和 η 析出相的电子衍射花样，如图 6-10（d）所示。图中黑色的斑点为基体，红色的斑点为 η 析出相，对比图 6-10（c）可以发现，除了图 6-10（c）中白色箭头处的衍射斑点（该斑点对应面间距为 1.08 nm），其余完全一致。进一步分析发现，该斑点为摩尔纹形成的衍射斑点。摩尔纹在观察合金中细小析出相时经常出现，主要是由于颗粒上方衍射束太强，被当作颗粒的入射电子束，发生二次衍射。根据摩尔纹间距$d=1/|\Delta \boldsymbol{g}|$，$\Delta \boldsymbol{g}=\boldsymbol{g}_1-\boldsymbol{g}_2$。$\boldsymbol{g}_1$和$\boldsymbol{g}_2$分别为产生摩尔纹的倒易矢量。根据图 6-10（d）中 Al 和 η 析出相的各种衍射矢量计算发现，$(002)_{Al}$和$(11\bar{2}0)_{\eta}$面相互平行，面间距分别为 0.203 nm 和 0.251 nm，二者发生二次衍射可以产生间距为$d=(d_{(11\bar{2}0)}\eta d_{(002)Al})(d^{(11\bar{2}0)}\eta-d^{(002)Al})^{-1}=$ 1.06 nm 的摩尔纹，这与实际测量的面间距一致。上述分析表明，图 6-10（a）和（b）中被位错切过的析出相为 η 析出相，图中箭头所指亮暗条纹为摩尔纹。需要注意的是，上述 η 析出相的位向关系属于η_{13}，满足上述位向关系下，如观察方向为$[110]_{Al}$，η 析出相的方向等价为$[\bar{1}103]$，在这种方向下，η 析出相的电子衍射仅出现$(11\bar{2}0)_{\eta}$。此时，摩尔纹还可以产生，但$\{111\}_{Al}$附近的小衍射斑点消失，如图 6-10（d）中的$(103)_{\eta}$衍射斑点。

图 6-11（a）为裂纹尖端区域的 TEM 图，微裂纹尖端存在细长薄化区，约 120 nm 长。图中裂纹尖端左前方存在大量位错，而右前方衬度均匀，无位错衬度，这是由于左前方的晶体取向接近双光束成像条件，而右前方的晶体取向偏离较大。图 6-11（b）为图 6-11（a）中方框区域的 HRTEM，右下角插图为对应傅里叶变换，观察方向为$(001)_{Al}$晶带轴。由图 6-11（b）可知，裂纹尖端薄化区内存在约 4 nm 宽的无序区，长度方向与裂纹扩展方向一致。裂纹扩展方向与$[220]_{Al}$平行，这是由于在当前晶带轴下，$(111)_{Al}$晶面的迹线和$[220]_{Al}$平行。此外，在图中无序区域边界处还发现了 η′析出相，如图 6-11（b）中虚线圆圈所示，η′析出相近似圆形，衍射斑点位于$(4\bar{2}0)_{Al}$的 1/3 处附近，与文献[18]中报道的一致（在该晶带轴下观察到的 η′析出相形貌和衍射特征）。图中 η′析出相与基体接触紧密，未见界面分离，说明裂纹尖端发射位错通过该相时并未留下位错环，也没有在颗粒界面处塞积，这一点也间接说明了位错是切过 η′析出相，只是在当前晶带轴下无法观察到切割台阶。

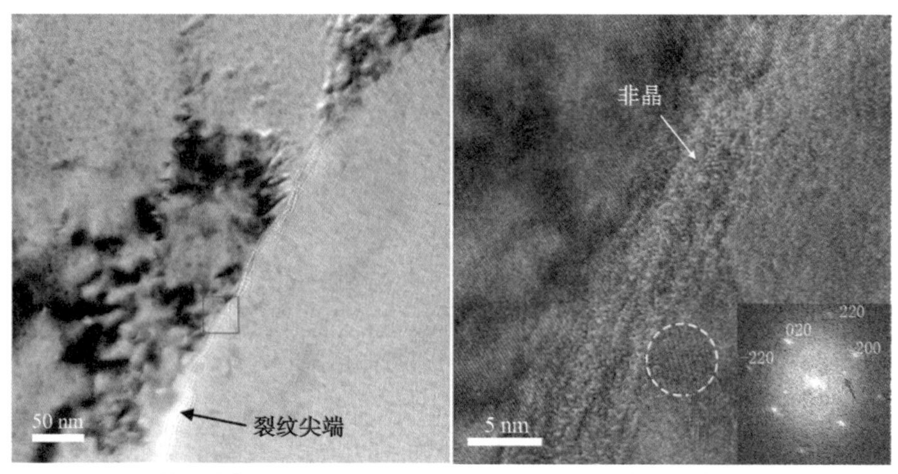

(a)微观形貌　　(b)图(a)中方框区域的HRTEM

图 6-11　裂纹尖端的 TEM 和 HRTEM 分析

6.5　分析与讨论

Al-Zn-Mg-Cu 合金的 In-situ TEM 数据表明，与微米级结晶相（$Al_9Fe_{0.7}Ni_{1.3}$ 和 $MgZn_2$）诱导微裂纹萌生机制（见图 5-19）一样，晶界上的亚微米 $MgZn_2$ 相也是通过颗粒自身断裂或界面脱粘形成微裂纹。

对于尺寸为亚微米的第二相颗粒，Goods 等[68]提出了孔洞形核的位错模型，认为塞积位错引起的应力集中可导致第二相颗粒与基体界面脱粘开裂，形成微观孔洞，由颗粒附近位错引起的应力集中为：

$$\Delta\sigma_{\mathrm{d}} = 5.4G\alpha\sqrt{\frac{\varepsilon_1 \boldsymbol{b}}{r}} \tag{6-1}$$

式中，α 为材料常数，取值范围为 0.14~0.33；G 为剪切模量；ε_1 为宏观应变；r 为颗粒尺寸。孔洞形核的应力为：

$$\sigma_c = \sigma_1 + \Delta\sigma_d \tag{6-2}$$

式中，σ_1 为主应力。

以上公式表明，减小第二相颗粒尺寸，就增大了颗粒周围的应力集中，界面处就更容易脱粘开裂形成孔洞。

然而，Al-Zn-Mg-Cu 合金基体内的 $MgZn_2$ 颗粒大小为 100 nm 左右，小于晶界上的 $MgZn_2$ 结晶相（几百纳米大小），也属于亚微米尺度，其在变形过程中却没有开裂。这可能是由于晶界的强度低于合金基体的强度造成的。时效铝合金在时效过程中会在晶界上析出不连续 $MgZn_2$ 相，这种相与基体往往不具有共格关系，与基体的结合力不高，是导致合金晶界强度不高的主要原因。另外，由于晶界析出相会导致晶界无析出带形成，也进一步弱化了晶界强度，使合金容易沿晶开裂。

沿晶扩展是 Al-Zn-Mg-Cu 合金微裂纹扩展的主要形式。微裂纹沿晶扩展时，裂纹尖端附近位错明显少于穿晶扩展时的位错，这可能是由于晶界的结合强度小于基体强度所引起的。在同样受力条件下，晶界发射少量的位错就可以释放裂纹尖端的塑性变形能。同时，界面能也补偿了部分由于裂纹扩展产生的表面能。所以，沿晶断裂不利于合金的断裂韧性。

穿晶扩展时，裂纹尖端发射了更多的位错，使裂纹尖端周围晶粒启动更多的滑移系，有利于提高合金的断裂韧性。裂纹在晶内扩展时，尖端薄化区内会形成纳米孔洞并逐渐长大，最后与主裂纹合并，消耗了部分变形能，这也有利于提高合金的断裂韧性。从裂纹尖端形态看，裂纹的晶内扩展是在裂纹尖端不断钝化和锐化转变过程中向前扩展的，如图 6-8 所示。纳米孔洞是在裂纹尖端钝化后产生的，纳米孔洞形成降低了裂纹尖端应力强度因子。因此，裂纹尖端纳米孔洞的形成与消亡有利于降低裂纹扩展速率和提高断裂韧性。

晶内的亚微米 $MgZn_2$ 颗粒可有效阻碍位错运动，如图 6-5 所示，因此亚微米 $MgZn_2$ 颗粒对合金起到第二相强化作用。同样地，亚微米 $MgZn_2$ 颗粒也起到阻碍裂纹尖端发射位错运动的作用，造成裂纹尖端无位错区和塑性变形区减小，从而增加了裂纹尖端继续发射位错的阻力。这相当于提高了裂纹尖端临界应力强度因子，只有进一步提高应力，裂纹才能继续扩展。因此，亚微米 $MgZn_2$ 颗粒可以提高合金的断裂强度。图 6-5 表明，裂纹以绕过方式通过 $MgZn_2$ 颗粒，这种绕过方式增加了裂纹长度，降低了裂纹的扩展速率，因此亚微米 $MgZn_2$ 颗粒也有利于提高合金的断裂韧性。另外，由于晶内 $MgZn_2$ 颗粒阻碍滑移，基体内的滑移变得更加均匀，使裂纹没有可集中的滑移带萌生[142,143]。

位错切过和位错绕过是析出相颗粒和运动位错交互作用的基本机制。然而，关于峰值时效状态下 Al-Zn-Mg-Cu 合金中的析出相究竟是被运动位错切过还是绕过目前还存在争议。一方面是由于析出相的种类、结构不同，即便是同类型析出相，其大小、形态和分布也不尽相同；另一方面是由于析出相颗粒大小仅为几纳米，直接观察析出相与位错的交互作用比较困难，所以与此相关的实验数据比较少。图 6-9 和图 6-10 表明合金基体内的 Al_3Zr（约 11 nm）、 η′析出相和 η 析出相(约 15 nm)均是被位错切过的,这一点也给出了析出相和运动位错交互作用的直接证据,说明 15 nm 左右的晶内第二相颗粒可以被位错切过。而且,这些相被位错切过后结构没有发生改变。所以,析出相被位错切过后必然会形成反相畴界,进一步增强了析出相对位错的阻碍作用,同时增强了裂纹扩展抗力[144]。根据位错切过机制,合金的强度[145]为

$$\sigma_{\text{Cut-through}} = 3MG|\varepsilon|^{\frac{3}{2}}\left(\frac{rV_f}{\boldsymbol{b}}\right)^{\frac{1}{2}} \tag{6-3}$$

式中,ε 为析出相与基体界面处的共格应变,与析出相的结构有关[146]。说明增大析出相尺寸可以提高合金的断裂强度。当析出相达到一定临界尺寸后,位错绕过机制起主导作用,对于位错绕过机制,合金的强度为

$$\sigma_{\text{Orowan}} = 0.553\frac{MG\boldsymbol{b}\sqrt{V_f}}{r} \tag{6-4}$$

式中,r 和 V_f 分别为析出相颗粒的半径和体积分数。该式表明,沉淀强化效果随析出相尺寸的增大而下降。然而,关于析出相被位错切过和绕过的临界半径,以及析出相的形态、体积分数和分布等特征对交互作用选择机制的影响规律,还有待进一步深入系统研究。

6.6　小结

本章通过 In-situ TEM 技术在纳米尺度下研究了 Al-Zn-Mg-Cu 合金的微裂纹萌生与扩展行为,重点研究了亚微米级析出相和纳米级析出相与位错的交互作用及其对微裂纹萌生与扩展的影响规律。研究结果表明:

(1)晶界上的亚微米级 $MgZn_2$ 相可以通过自身断裂或界面脱粘形成微裂纹。晶内亚微米级 $MgZn_2$ 相有助于基体均匀滑移,避免了微裂纹在集中的滑移带中萌生;同时,该相增大了位错滑移阻力,使裂纹扩展方向偏转,有利于提高合金的断裂强度和降低裂纹的扩展速率。

(2)Al-Zn-Mg-Cu 合金的断裂方式主要为沿晶断裂,存在少量穿晶断裂。晶界上分布大量第二相是合金沿晶断裂的主要原因。沿晶断裂时,基体产生少量塑性变形,导致合金具有较低塑性。穿晶断裂时,大角晶界可增加裂纹尖端位错运动阻力和促使微裂纹扩展方向改变,有利于提高合金断裂强度和降低裂纹的扩展速率。穿晶扩展时,裂纹扩展路径取决于外部应力加载方向和晶粒激活滑移系的协调作用。

(3)二次裂纹萌生、长大、与主裂纹连通是合金微裂纹快速长大的主要方式。主裂纹与二次裂纹尖端位错相互作用,可促进两者连通,完成微裂纹长大。

(4)合金机体内存在条状 η 析出相,长约 15 nm,厚度 3~4 nm,与基体位向关系为$(0001)_{\eta}//(120)_{Al}$,$<11\bar{2}0>_{\eta}//<001>_{Al}$。在$<001>_{Al}$晶带轴下,η 析出相与基体发生二次衍射,产生间距为 1.06 nm 的摩尔纹。

(5)合金基体内的 Al_3Zr(约 11 nm)、η′析出相和 η 析出相(约 15 nm)被位错切过。这些相的存在增加了位错运动阻力,提高了微裂纹扩展抗力,但对扩展路径影响较小。

参考文献

[1] 杨王玥，强文江．材料力学行为[M]．北京：化学工业出版社，2009.

[2] Zhu X. M. , Gong C. Y. , Jia Y. F. , et al. Influence of grain size on the small fatigue crack initiation and propagation behaviors of a nickel-based superalloy at 650 ℃[J]. Journal of Materials Science & Technology, 2019, 35(8): 1607-1617.

[3] Liu R. , Tian Y. Z. , Zhang Z. J. , et al. Fatigue strength plateau induced by microstructure inhomogeneity[J]. Materials Science and Engineering: A, 2017, 702: 259-264.

[4] She X. W. , Jiang X. Q. , Zhang R. H. , et al. Study on microstructure and fracture characteristics of 5083 aluminum alloy thick plate[J]. Journal of Alloys and Compounds, 2020, 825: 153960.

[5] Wu P. , Deng Y. , Zhang J. , et al. The effect of inhomogeneous microstructures on strength and fatigue properties of an Al-Cu-Li thick plate[J]. Materials Science and Engineering: A, 2018, 731: 1-11.

[6] Pao P. S. , Jones H. N. , Cheng S. F. , et al. Fatigue crack propagation in ultrafine grained Al-Mg alloy[J]. International Journal of Fatigue, 2005, 27(10-12): 1164-1169.

[7] He H. L. , Yi Y. P. , Huang S. Q. , et al. An improved process for grain refinement of large 2219 Al alloy rings and its influence on mechanical properties[J]. Journal of Materials Science & Technology, 2019, 35(1): 55-63.

[8] Fan X. G. , Jiang D. M. , Zhong L. , et al. Influence of microstructure on the crack propagation and corrosion resistance of Al-Zn-Mg-Cu alloy 7150[J]. Materials Characterization, 2007, 58(1): 24-28.

[9] Das P. , Jayaganthan R. , Chowdhury T. , et al. Fatigue behaviour and crack growth rate of cryorolled Al 7075 alloy[J]. Materials Science and Engineering: A, 2011, 528(24): 7124-7132.

[10] Harlow D. G. , Nardiello J. , Payne J. The effect of constituent particles in aluminum alloys on fatigue damage evolution: Statistical observations[J]. International Journal of Fatigue, 2010, 32(3): 505-511.

[11] Wang X. D. , Pan Q. L. , Liu L. L. , et al. Characterization of hot extrusion and heat treatment on mechanical properties in a spray formed ultra-high strength Al-Zn-Mg-Cu alloy[J]. Materials Characterization, 2018, 144: 131-140.

[12] Wen K. , Xiong B. Q. , Zhang Y. A. , et al. Over-aging influenced matrix precipitate characteristics improve fatigue crack propagation in a high Zn-containing Al-Zn-Mg-Cu alloy[J]. Materials Science and Engineering: A, 2018, 716: 42-54.

[13] Ma K. , Hu T. , Yang H. , et al. Coupling of dislocations and precipitates: Impact on the

mechanical behavior of ultrafine grained Al-Zn-Mg alloys[J]. Acta Materialia, 2016, 103: 153-164.

[14] Ma K., Wen H. M., Hu T., et al. Mechanical behavior and strengthening mechanisms in ultrafine grain precipitation-strengthened aluminum alloy[J]. Acta Materialia, 2014, 62: 141-155.

[15] She H., Shu D., Wang J., et al. Influence of multi-microstructural alterations on tensile property inhomogeneity of 7055 aluminum alloy medium thick plate[J]. Materials Characterization, 2016, 113: 189-197.

[16] Paulisch M. C., Wanderka N., Haupt M., et al. The influence of heat treatments on the microstructure and the mechanical properties in commercial 7020 alloys[J]. Materials Science and Engineering: A, 2015, 626: 254-262.

[17] Lang Y., Zhou G., Hou L., et al. Significantly enhanced the ductility of the fine-grained Al-Zn-Mg-Cu alloy by strain-induced precipitation[J]. Materials & Design, 2015, 88: 625-631.

[18] Mazzer E. M., Afonso C. R. M., Galano M., et al. Microstructure evolution and mechanical properties of Al-Zn-Mg-Cu alloy reprocessed by spray-forming and heat treated at peak aged condition[J]. Journal of Alloys and Compounds, 2013, 579: 169-173.

[19] Chen L., Yan A., Liu H. S., et al. Strength and fatigue fracture behavior of Al-Zn-Mg-Cu-Zr(-Sn) alloys[J]. Transactions of Nonferrous Metals Society of China, 2013, 23(10): 2817-2825.

[20] Askeland D. R., Phule P. P. The science and engineering of materials[M]. Toronto, Ont.: Thomson, 2006.

[21] Maloney S. K., Hono K., Polmear I. J., et al. The chemistry of precipitates in an aged Al-2.1Zn-1.7Mg at.% alloy[J]. Scripta Materialia, 1999, 41(10): 1031-1038.

[22] Jiang X. J., Noble B., Hansen V., et al. Influence of zirconium and copper on the early stages of aging in Al-Zn-Mg alloys[J]. Metallurgical and Materials Transactions A, 2001, 32(5): 1063-1073.

[23] Engdahl T., Hansen V., Warren P., et al. Investigation of fine scale precipitates in Al-Zn-Mg alloys after various heat treatments[J]. Materials Science And Engineering A, 2002, 327(1): 59-64.

[24] Bai P. C., Hou X. H., Zhang X. Y., et al. Microstructure and mechanical properties of a large billet of spray formed Al-Zn-Mg-Cu alloy with high Zn content[J]. Materials Science and Engineering: A, 2009, 508(1-2): 23-27.

[25] Liu F., Bai P. C., Hou X. H., et al. Transmission electron microscopic observation of a novel $Al_3Zr-\eta'$ core-shell particle in Al-Zn-Mg-Cu alloy[J]. Rare Metal Materials and Engineering, 2018, 47(11): 3272-3276.

[26] Wolverton C. Crystal structure and stability of complex precipitate phases in Al-Cu-Mg-(Si) and Al-Zn-Mg alloys[J]. Acta Materialia, 2001, 49(16): 3129-3142.

[27] Chung T. F., Yang Y. L., Huang B. M., et al. Transmission electron microscopy investigation of separated nucleation and in-situ nucleation in AA7050 aluminium alloy[J]. Acta Materialia, 2018, 149: 377-387.

[28] Artenis B., Kenji M., Adrian L., et al. An unreported precipitate orientation relationship in Al-Zn-Mg based alloys[J]. Materials Characterization, 2019, 158: 109958.

[29] Butler E. P., Swann P. R. In situ observations of the nucleation and initial growth of grain boundary precipitates in an Al-Zn-Mg alloy[J]. Acta Metallurgica, 1976, 24(4): 343-352.

[30] Jiang K. D., Chen L., Zhang Y. Y., et al. Influence of sub-grain boundaries on quenching process of an Al-Zn-Mg-Cu alloy[J]. Transactions of Nonferrous Metals Society of China, 2014, 24(7): 2117-2121.

[31] Vaughan D. Grain boundary precipitation in an Al-Cu alloy[J]. Acta Metallurgica, 1968, 16(4): 563-577.

[32] Li M. H., Yang Y. Q., Feng Z. Q., et al. Precipitation sequence of eta phase along low-angle grain boundaries in Al-Zn-Mg-Cu alloy during artificial aging[J]. Transactions of Nonferrous Metals Society of China, 2014, 24(7): 2061-2066.

[33] Sha G., Yao L., Liao X. Z., et al. Segregation of solute elements at grain boundaries in an ultrafine grained Al-Zn-Mg-Cu alloy[J]. Ultramicroscopy, 2011, 111(6): 500-505.

[34] Jian H. G., Jiang F., Wei L. L., et al. Crystallographic mechanism for crack propagation in the T7451 Al-Zn-Mg-Cu alloy[J]. Materials Science and Engineering: A, 2010, 527(21-22): 5879-5882.

[35] Fridlyander I., Senatorova O., Ryazanova N., et al. Grain structure and superplasticity of high strength Al-Zn-Mg-Cu alloys with different minor additions[J]. Materials Science Forum, 1994, 170-172: 345-350.

[36] He Y. D., Zhang X. M., Cao Z. Q. Effect of minor Cr, Mn, Zr, Ti and B on grain refinement of As-Cast Al-Zn-Mg-Cu alloys[J]. Rare Metal Materials and Engineering, 2010, 39(7): 1135-1140.

[37] Robson J. D. Optimizing the homogenization of zirconium containing commercial aluminium alloys using a novel process model[J]. Materials Science and Engineering: A, 2002, 338: 219-229.

[38] Deng Y. L., Zhang Y. Y., Wan L., et al. Three-stage homogenization of Al-Zn-Mg-Cu alloys containing trace Zr[J]. Metallurgical and Materials Transactions A, 2013, 44(6): 2470-2477.

[39] Cassell A. M., Robson J. D., Race C. P., et al. Dispersoid composition in zirconium

containing Al-Zn-Mg-Cu (AA7010) aluminium alloy[J]. Acta Materialia, 2019, 169: 135-146.

[40] Tang J. G., Chen H., Zhang X. M., et al. Influence of quench-induced precipitation on aging behavior of Al-Zn-Mg-Cu alloy[J]. Transactions of Nonferrous Metals Society of China, 2012, 22(6): 1255-1263.

[41] Payne J., Welsh G., Christ Jr R. J., et al. Observations of fatigue crack initiation in 7075-T651[J]. International Journal of Fatigue, 2010, 32(2): 247-255.

[42] Sigler D., Montpetit M. C., Haworth W. L. Metallography of fatigue crack initiation in an overaged high-strength aluminum alloy[J]. Metallurgical Transactions A, 1983, 14(4): 931-938.

[43] Fang H. C., Luo F. H., Chen K. H. Effect of intermetallic phases and recrystallization on the corrosion and fracture behavior of an Al-Zn-Mg-Cu-Zr-Yb-Cr alloy[J]. Materials Science and Engineering: A, 2017, 684: 480-490.

[44] 张新明，韩念梅，刘胜胆，等. 7050铝合金厚板织构、拉伸性能及断裂韧性的不均匀性[J]. 中国有色金属学报，2010，20(2)：202-208.

[45] Ghosh A., Ghosh M., Kalsar R. Influence of homogenisation time on evolution of eutectic phases, dispersoid behaviour and crystallographic texture for Al-Zn-Mg-Cu-Ag alloy[J]. Journal of Alloys and Compounds, 2019, 802: 276-289.

[46] Ghosh A., Ghosh M. Microstructure and texture development of 7075 alloy during homogenisation[J]. Philosophical Magazine, 2018, 98(16): 1470-1490.

[47] Sachs G. Zur ableitung einer fließbedindung[J]. Zeitschrift des Vereines deutscher Ingeniere, 1928, 72: 734-736.

[48] Taylor G. I. Plastic strain in metals[J]. Journal of the Institute of Metals, 1938, 62: 307-324.

[49] Mao W., Yu Y. Effect of elastic reaction stress on plastic behaviors of grains in polycrystalline aggregate during tensile deformation[J]. Materials Science and Engineering: A, 2004, 367(1-2): 277-281.

[50] 杨平. 电子背散射衍射技术及其应用[M]. 北京：冶金工业出版社，2007.

[51] Polmear I. Light Alloys: From traditional alloys to nanocrystals[M]. Oxford: Butterworth-Heinemann, 2005.

[52] Taylor C. J., Zhai T., Wilkinson A. J., et al. Influence of grain orientations on the initiation of fatigue damage in an Al-Li alloy[J]. Journal of Microscopy, 1999, 195(3): 239-247.

[53] Mineur M., Villechaise P., Mendez J. Influence of the crystalline texture on the fatigue behavior of a 316L austenitic stainless steel[J]. Materials Science and Engineering: A, 2000, 286(2): 257-268.

[54] Xia P., Liu Z. Y., Wu W. T., et al. Texture effect on fatigue crack propagation behavior in annealed sheets of an Al-Cu-Mg alloy[J]. Journal of Materials Engineering and Performance, 2018, 27(9): 4693-4702.

[55] Jin Y., Cai P., Wen W., et al. The anisotropy of fatigue crack nucleation in an AA7075 T651 Al alloy plate[J]. Materials Science and Engineering: A, 2015, 622: 7-15.

[56] Patton G., Rinaldi C., Bréchet Y., et al. Study of fatigue damage in 7010 aluminum alloy[J]. Materials Science and Engineering: A, 1998, 254(1): 207-218.

[57] Zhou L., Chen S. Y., Chen K. H., et al. Effect of average pass reduction ratio on thickness-oriented microstructure and properties homogeneity of an Al-Zn-Mg-Cu aluminum alloy thick plate[J]. Applied Physics A, 2019, 125(6).

[58] Anderson T. L. Fracture mechanics-Fundamentals and applications [M]. 3rd Edition. Boca Raton: CRC Press, 2005.

[59] Thomas M. Griffith formula for mode-III-interface-cracks in strain-hardening compounds [J]. Mechanics of Advanced Materials & Structures, 2008, 15(6/7): 428-437.

[60] 焦康. 焊接接头力学性能不均匀性对裂尖力学场的影响分析[D]. 西安科技大学, 2013.

[61] Barhli S. M., Mostafavi M., Cinar A. F., et al. J-integral calculation by finite element processing of measured full-field surface displacements[J]. Experimental Mechanics, 2017, 57(6): 997-1009.

[62] Herrera A., Martinez M. M., Horta J., et al. Effect of solidification times on crack opening displacement of aluminium alloy castings[J]. Materials & Manufacturing Processes, 2003, 18(6): 979-992.

[63] Zhang Y. B., Xu J. H., Zhai T. G. Distributions of pore size and fatigue weak link strength in an A713 sand cast aluminum alloy[J]. Materials Science and Engineering: A, 2010, 527(16-17): 3639-3644.

[64] Zerbst U., Vormwald M., Pippan R., et al. About the fatigue crack propagation threshold of metals as a design criterion - A review[J]. Engineering Fracture Mechanics, 2016, 153: 190-243.

[65] Qian L. H., Toda H., Akahori T., et al. Numerical simulation of fracture of model Al-Si alloys[J]. Metallurgical and Materials Transactions A, 2005, 36(11): 2979-2992.

[66] Judt P. O., Ricoeur A., Linek G. Crack paths at multiple-crack systems in anisotropic structures: simulation and experiment [J]. Procedia Materials Science, 2014, 3: 2122-2127.

[67] Krupp U. Fatigue Crack Propagation in Metals and Alloys: Microstructural Aspects and Modelling Concepts[M]. Weinheim: Wiley-VCH, 2007.

[68] Goods S. H., Brown L. M. The nucleation of cavities by plastic deformation[J]. Acta

Metallurgica, 1979, 27(1): 1-15.
[69] Hook R. E., Hirth J. P. The deformation behavior of non-isoaxial bicrystals of Fe-3% Si [J]. Acta Metallurgica, 1967, 15(7): 1099-1110.
[70] Zhang Z. F., Wang Z. G. Comparison of fatigue cracking possibility along large-and low-angle grain boundaries[J]. Materials Science and Engineering: A, 2000, 284(1): 285-291.
[71] Srivatsan T. S. An investigation of the cyclic fatigue and fracture behavior of aluminum alloy 7055[J]. Materials & Design, 2002, 23(2): 141-151.
[72] Srivatsan T. S., Kolar D., Magnusen P. The cyclic fatigue and final fracture behavior of aluminum alloy 2524[J]. Materials & Design, 2002, 23(2): 129-139.
[73] Li Z. H., Xiong B. Q., Zhang Y. G., et al. Investigation of microstructural evolution and mechanical properties during two-step ageing treatment at 115 and 160 degrees C in an Al-Zn-Mg-Cu alloy pre-stretched thick plate[J]. Materials Characterization, 2008, 59(3): 278-282.
[74] Li F. D., Liu Z. Y., Wu W. T., et al. Slip band formation in plastic deformation zone at crack tip in fatigue stage II of 2xxx aluminum alloys[J]. International Journal of Fatigue, 2016, 91: 68-78.
[75] Lin M. R., Fine M. E., Mura T. Fatigue crack initiation on slip bands: Theory and experiment[J]. Acta Metallurgica, 1986, 34(4): 619-628.
[76] 刘聪, 袁定旺, 杨修波, 等. 组织不均匀性对铝合金焊接区裂纹的影响[J]. 电子显微学报, 2015(03): 181-188.
[77] Carvalho A., Voorwald H. The surface treatment influence on the fatigue crack propagation of Al 7050-T7451 alloy[J]. Materials Science and Engineering: A, 2009, 505(1-2): 31-40.
[78] Goswami R., Pande C. Investigations of crack-dislocation interactions ahead of mode-III crack[J]. Materials Science and Engineering: A, 2015, 627: 217-222.
[79] 钱才富, 李慧芳, 崔文勇. I型裂纹尖端塑性区和无位错区及其对裂纹扩展的影响[J]. 材料研究学报, 2007(06): 599-603.
[80] Zhu T., Yang W., Guo T. Quasi-cleavage processes driven by dislocation pileups[J]. Acta Materialia, 1996, 44(8): 3049-3058.
[81] Feng Z. Q., Yang Y. Q., Chen Y. X., et al. In-situ TEM investigation of fracture process in an Al-Cu-Mg alloy[J]. Materials Science and Engineering: A, 2013, 586: 259-266.
[82] Chen Q. Z., Chu W. Y., Wang Y. B., et al. In situ tem observations of nucleation and bluntness of nanocracks in thin crystals of 310 stainless steel[J]. Acta Metallurgica et Materialia, 1995, 43(12): 4371-4376.

[83] Pippan R. , Flechsig K. , Riemelmoser F. O. Fatigue crack propagation behavior in the vicinity of an interface between materials with different yield stresses[J]. Materials Science and Engineering: A, 2000, 283(1): 225-233.

[84] Sangid M. D. , Ezaz T. , Sehitoglu H. , et al. Energy of slip transmission and nucleation at grain boundaries[J]. Acta Materialia, 2011, 59(1): 283-296.

[85] Samaeeaghmiyoni V. , Idrissi H. , Groten J. , et al. Quantitative in-situ TEM nanotensile testing of single crystal Ni facilitated by a new sample preparation approach[J]. Micron, 2017, 94: 66-73.

[86] Song Y. Y. , Cui J. P. , Rong L. J. In situ heating TEM observations of a novel microstructure evolution in a low carbon martensitic stainless steel[J]. Materials Chemistry and Physics, 2015, 165: 103-107.

[87] Winkler C. R. , Damodaran A. R. , Karthik J. , et al. Direct observation of ferroelectric domain switching in varying electric field regimes using in situ TEM[J]. Micron, 2012, 43(11): 1121-1126.

[88] 倪超伦. 银纳米结构力学和氧化行为的原位透射电镜研究[D]. 浙江大学, 2019.

[89] Legros M. , Gianola D. , Hemker K. In situ TEM observations of fast grain-boundary motion in stressed nanocrystalline aluminum films[J]. Acta Materialia, 2008, 56(14): 3380-3393.

[90] Mao S. C. , Li H. X. , Liu Y. , et al. Stress-induced martensitic transformation in nanometric NiTi shape memory alloy strips: An in situ TEM study of the thickness/size effect [J]. Journal of Alloys and Compounds, 2013, 579: 100-111.

[91] Wang J. W. , Zeng Z. , Weinberger C. R. , et al. In situ atomic-scale observation of twinning-dominated deformation in nanoscale body-centred cubic tungsten[J]. Nature Materials, 2015, 14(6): 594-600.

[92] Ovri H. , Lilleodden E. T. New insights into plastic instability in precipitation strengthened Al-Li alloys[J]. Acta Materialia, 2015, 89: 88-97.

[93] Caillard D. , Rautenberg M. , Feaugas X. Dislocation mechanisms in a zirconium alloy in the high-temperature regime: An in situ TEM investigation[J]. Acta Materialia, 2015, 87: 283-292.

[94] Kim S. W. , Chew H. B. , SharvanKumar K. In situ TEM study of crack-grain boundary interactions in thin copper foils[J]. Scripta Materialia, 2013, 68(2): 154-157.

[95] 单智伟, 杨继红, 刘路, 等. 单晶 Ni_3Al 裂纹扩展的 TEM 原位观察[J]. 金属学报, 2000(03): 262-267.

[96] 石晶, 郭振玺, 隋曼龄. α-Ti 在原位透射电镜拉伸变形过程中位错的滑移系确定[J]. 金属学报, 2016, 52(01): 71-77.

[97] Baik S. , Ahn T. , Hong W. , et al. In situ observations of transgranular crack propagation

in high-manganese steel[J]. Scripta Materialia, 2015, 100: 32-35.
[98] 张静武. 金属塑性变形与断裂的TEM/SEM原位研究[D]. 燕山大学, 2002.
[99] Schwartz A. J., Kumar M., Adams B. L., et al. Electron backscatter diffraction in materials science[M]. Boston: Springer, 2009.
[100] Kahl S., Peng R. L., Calmunger M., et al. In situ EBSD during tensile test of aluminum AA3003 sheet[J]. Micron, 2014, 58: 15-24.
[101] Liu F. Y., Guo C. F., Xin R. L., et al. Evaluation of the reliability of twin variant analysis in Mg alloys by in situ EBSD technique[J]. Journal of Magnesium and Alloys, 2019.
[102] Zheng L., Zhang S. H., Helm D., et al. Twinning and detwinning during compression-tension loading measured by quasi in situ electron backscatter diffraction tracing in Mg-3Al-Zn rolled sheet[J]. Rare Metals, 2015, 34(10): 698-705.
[103] 宋广胜, 陈强强, 徐勇, 等. AZ31镁合金室温拉伸微观变形机制EBSD原位跟踪研究[J]. 材料工程, 2016, 44(04): 1-8.
[104] 骆靓鉴, 胡汪洋, 陈纪昌, 等. 铁素体不锈钢拉伸变形过程中的原位EBSD研究[J]. 电子显微学报, 2012(01): 1-6.
[105] Li S. C., Guo C. Y., Hao L. L., et al. In-situ EBSD study of deformation behavior of 600 MPa grade dual phase steel during uniaxial tensile tests[J]. Materials Science and Engineering: A, 2019, 759.
[106] Gussev M. N., Edmondson P. D., Leonard K. J. Beam current effect as a potential challenge in SEM-EBSD in situ tensile testing[J]. Materials Characterization, 2018, 146: 25-34.
[107] Wright S. I., Suzuki S., Nowell M. M. In Situ EBSD Observations of the Evolution in Crystallographic Orientation with Deformation[J]. Jom, 2016, 68(11): 2730-2736.
[108] 徐宁安, 董登超, 胡显军. 钢铁材料中取向差/旋转轴分布的EBSD研究[J]. 电子显微学报, 2010, 29(05): 42-48.
[109] Chen P., Mao S. C., Liu Y., et al. In-situ EBSD study of the active slip systems and lattice rotation behavior of surface grains in aluminum alloy during tensile deformation [J]. Materials Science and Engineering: A, 2013, 580: 114-124.
[110] 马全仓, 毛卫民, 冯惠平. 工业铝板的低应变量拉伸变形行为[J]. 塑性工程学报, 2005, 12(06): 89-93.
[111] Winther G., Margulies L., Schmidt S., et al. Lattice rotations of individual bulk grains Part II: correlation with initial orientation and model comparison[J]. Acta Materialia, 2004, 52(10): 2863-2872.
[112] Winther G. Slip systems, lattice rotations and dislocation boundaries[J]. Materials Science and Engineering: A, 2008, 483-484: 40-46.

[113] Joo H. D. , Kim J. S. , Kim K. H. , et al. In situ synchrotron X-ray microdiffraction study of deformation behavior in polycrystalline coppers during uniaxial deformations[J]. Scripta Materialia, 2004, 51(12): 1183-1186.

[114] 王峰, 陈鹏, 毛圣成, 等. 铝合金塑性变形的原位背散射电子衍射研究[J]. 电子显微学报, 2012(05): 391-397.

[115] Mao X. , Qiao L. , Li X. In-situ transmission electron microscope study on nanocrack nucleation and growth of intermetallic alloy[J]. Scripta Materialia, 1998, 39(4): 519-525.

[116] Qian C. F. , Qiao L. J. , Chu Q. Y. Stress distribution and effective stress intensity factor of a blunt crack after dislocation emission[J]. Science in China Series E: Technological Sciences, 2000, 43(4): 421-429.

[117] Ding Y. , Wang C. Q. , Li M. Y. , et al. In situ TEM observation of microcrack nucleation and propagation in pure tin solder[J]. Materials Science and Engineering: B, 2006, 127: 60-69.

[118] Cuitiño A. M. , Ortiz M. Ductile fracture by vacancy condensation in f. c. c. single crystals[J]. Acta Materialia, 1996, 44(2): 427-436.

[119] Peach M. , Koehler J. S. The forces exerted on dislocations and the stress fields produced by them [J]. Physical Review, 1950, 80(3): 436-439.

[120] Lu Z. , Xu Y. B. , Hu Z. Q. The dislocation structure of crack tip plastic zones in a cobalt base superalloy[J]. Materials Letters, 1998, 36: 218-222.

[121] Rice J. R. , Thomson R. Ductile versus brittle behaviour of crystals[J]. The Philosophical Magazine: A, 1974, 29(1): 73-97.

[122] Yang W. C. , Ji S. X. , Wang M. P. , et al. Precipitation behaviour of Al-Zn-Mg-Cu alloy and diffraction analysis from eta′ precipitates in four variants[J]. Journal of Alloys and Compounds, 2014, 610: 623-629.

[123] Yu H. C. , Wang M. P. , Jia Y. L. , et al. High strength and large ductility in spray-deposited Al-Zn-Mg-Cu alloys[J]. Journal of Alloys and Compounds, 2014, 601: 120-125.

[124] Kverneland A. , Hansen V. , Vincent R. , et al. Structure analysis of embedded nano-sized particles by precession electron diffraction. eta ′-precipitate in an Al-Zn-Mg alloy as example[J]. Ultramicroscopy, 2006, 106(6): 492-502.

[125] Radmilovic V. , Tolley A. , Marquis E. A. , et al. Monodisperse Al_3(LiScZr) core/shell precipitates in Al alloys[J]. Scripta Materialia, 2008, 58(7): 529-532.

[126] Monachon C. , Krug M. E. , Seidman D. N. , et al. Chemistry and structure of core/double-shell nanoscale precipitates in Al-6. 5Li-0. 07Sc-0. 02Yb (at. %)[J]. Acta Materialia, 2011, 59(9): 3398-3409.

[127] Radmilovic V., Ophus C., Marquis E. A., et al. Highly monodisperse core-shell particles created by solid-state reactions[J]. Nature Materials, 2011, 10(9): 710-715.

[128] Chumak I., Richter K. W., Ipser H. The Fe-Ni-Al phase diagram in the Al-rich (>50at.% Al) corner[J]. Intermetallics, 2007, 15(11): 1416-1424.

[129] Wang F., Xiong B. Q., Zhang Y. G., et al. Microstructure and mechanical properties of spray-deposited Al-Zn-Mg-Cu alloy[J]. Materials & Design, 2007, 28(4): 1154-1158.

[130] Blochwitz C., Richter R., Tirschler W., et al. The effect of local textures on microcrack propagation in fatigued f. c. c. metals[J]. Materials Science and Engineering: A, 1997, 234-236: 563-566.

[131] Argon A. S., Im J., Safoglu R. Cavity formation from inclusions in ductile fracture[J]. Metallurgical Transactions A, 1975, 6(4): 825.

[132] Beremin F. M. Cavity formation from inclusions in ductile fracture of A508 steel[J]. Metallurgical Transactions A, 1981, 12(5): 723-731.

[133] Yang X. B., Chen J. H., Liu J. Z., et al. Spherical constituent particles formed by a multistage solution treatment in Al-Zn-Mg-Cu alloys[J]. Materials Characterization, 2013, 83: 79-88.

[134] Zhou D. S., Qiu F., Jiang Q. C. The nano-sized TiC particle reinforced Al-Cumatrix composite with superior tensile ductility[J]. Materials Science and Engineering: A, 2015, 622: 189-193.

[135] Jia Y. D., Cao F. Y., Ning Z. L., et al. Influence of second phases on mechanical properties of spray-deposited Al-Zn-Mg-Cu alloy[J]. Materials & Design, 2012, 40: 536-540.

[136] Liu F., Bai P. C., Hou X. H., et al. Effect of $Al_9Fe_{0.7}Ni_{1.3}$ phase on the microstructure and mechanical properties of Al-Zn-Mg-Cu-Ni alloys prepared by spray deposition [J]. Rare Metal Materials and Engineering, 2019, 48(02): 440-445.

[137] Marlaud T., Deschamps A., Bley F., et al. Influence of alloy composition and heat treatment on precipitate composition in Al-Zn-Mg-Cu alloys[J]. Acta Materialia, 2010, 58(1): 248-260.

[138] Sharma M. M. Microstructural and mechanical characterization of various modified 7××× series spray formed alloys[J]. Materials Characterization, 2008, 59(1): 91-99.

[139] Esmaeili S., Lloyd D. J., Poole W. J. A yield strength model for the Al-Mg-Si-Cu alloy AA6111[J]. Acta Materialia, 2003, 51(8): 2243-2257.

[140] Proudhon H., Poole W. J., Wang X., et al. The role of internal stresses on the plastic deformation of the Al-Mg-Si-Cu alloy AA6111[J]. Philosophical Magazine, 2008, 88(5): 621-640.

[141] Sepehrband P. , Esmaeili S. Application of recently developed approaches to microstructural characterization and yield strength modeling of aluminum alloy AA7030[J]. Materials Science and Engineering: A, 2008, 487(1-2): 309-315.

[142] Li J. X. , Zhai T. , Garratt M. D. , et al. Four-point-bend fatigue of AA 2026 aluminum alloys[J]. Metallurgical and Materials Transactions A, 2005, 36(9): 2529.

[143] Liu M. , Liu Z. Y. , Bai S. , et al. Solute cluster size effect on the fatigue crack propagation resistance of an underaged Al-Cu-Mg alloy[J]. International Journal of Fatigue, 2016, 84: 104-112.

[144] Liu Y. B. , Liu Z. Y. , Li Y. T. , et al. Enhanced fatigue crack propagation resistance of an Al-Cu-Mg alloy by artificial aging[J]. Materials Science and Engineering: A, 2008, 492(1-2): 333-336.

[145] Sharma M. M. , Amateau M. F. , Eden T. J. Mesoscopic structure control of spray formed high strength Al-Zn-Mg-Cu alloys[J]. Acta Materialia, 2005, 53(10): 2919-2924.

[146] Liu F. , Bai P. C. , Hou X. H. , et al. Quantitative measurement of strain field around η′ phase in a 7000 series aluminum alloy[J]. Materials Science Forum, 2016, 877: 200-204.